黑龙江省农业科学院"十三五"期间
科技成果转化汇编

钱 华 李国泰 赵 杨 主编

黑龙江科学技术出版社

图书在版编目（CIP）数据

黑龙江省农业科学院"十三五"期间科技成果转化汇编 / 钱华, 李国泰, 赵杨主编. -- 哈尔滨：黑龙江科学技术出版社, 2023.11
ISBN 978-7-5719-1879-8

Ⅰ. ①黑… Ⅱ. ①钱… ②李… ③赵… Ⅲ. ①农业技术－科技成果－成果转化－黑龙江省 Ⅳ. ①S-12

中国国家版本馆 CIP 数据核字(2023)第 065596 号

黑龙江省农业科学院"十三五"期间科技成果转化汇编
HEILONGJIANG SHENG NONGYE KEXUEYUAN "SHISANWU" QIJIAN KEJI CHENGGUO ZHUANHUA HUIBIAN

作　　者	钱　华　李国泰　赵　杨	
责任编辑	回　博	
封面设计	孔　璐	
出　　版	黑龙江科学技术出版社	
	地址：哈尔滨市南岗区公安街 70-2 号　邮编：150001	
	电话：（0451）53642106　传真：（0451）53642143	
	网址：www.lkcbs.cn	
发　　行	全国新华书店	
印　　刷	哈尔滨午阳印刷有限公司	
开　　本	880 mm × 1230 mm　　1/16	
印　　张	19	
字　　数	275 千字	
版　　次	2023 年 11 月第 1 版	
印　　次	2023 年 11 月第 1 次印刷	
书　　号	ISBN 978-7-5719-1879-8	
定　　价	98.00 元	

前 言

"十三五"期间，黑龙江省农业科学院全面贯彻落实《"十三五"国家科技创新规划》《黑龙江省"十三五"科技创新规划》，以科技助力乡村全面振兴，推进农业供给侧结构性改革，为农业强省建设夯实基础，为保障国家粮食安全"压舱石"贡献科技力量。

凝心聚力，砥砺前行。回顾"十三五"，黑龙江省农业科学院科技创新能力不断提升，以更迭换新的农业科技基础成果，推动龙江农业发展，践行为农业插上科技的翅膀的使命。

本书对黑龙江省农业科学院五年间在农业生产线上转化实施的 323 项科技成果进行了梳理，涵盖植物新品种，种植技术，养殖技术，农产品加工，农业机械与设备，农业科技新技术、新方法、新产品等。所收集的研究成果、专利技术，都有准确数据，各项成果、专利均以图文并茂的形式加以介绍，便于读者阅读和研究。内文中出现了品种名称与图片名称不相符的情况，因图片名称是在正式命名前参加试验时的代号，特此说明。

本书中的各项成果都饱含着农业科研人员孜孜不倦的探索精神和对农业科技的无私奉献精神。我们以此搭建具有黑龙江省农业科学院特色的农业成果转化平台，以完整、成熟的科技成果服务农业现代化建设，以宝贵的转化经验促进更多、更新、更高质量的科技成果产出，为农业生产第一线人员、广大科研人员提供最全面的一手资料，共同为龙江农业经济发展贡献力量。

目　录

第一章 水稻

龙交 03-1333

审定编号：黑审稻 2008017

审定日期：2008 年 2 月 28 日

植物新品种权授权日期：2010 年 9 月 1 日

植物新品种权号：CNA20070239.4

适宜地区：黑龙江省第四积温带

完成单位：水稻研究所

完成人员：张云江 吕彬 王继馨等

转化金额：367 万元

转化方式：许可

受让方：佳木斯龙粳种业有限公司

合同起止时间：2018 年 12 月 25 日—2025 年 12 月 11 日

特征特性：出苗至成熟生育日数 135 天左右，比对照品种晚 1～2 天（早、晚几天或同熟期），需≥10℃活动积温 2250～2300℃。主茎 10 片叶，株高 90 厘米左右，穗长 18 厘米左右，每穗粒数 90 粒左右，千粒重 26 克左右。三年品质分析结果：出糙率 80.0%～82.2%，整精米率 61.6%～64.8%，垩白粒率 1.5%～2.0%，垩白度 0.1%～0.2%，直链淀粉含量（干基）16.0%～18.4%，胶稠度 71.5～83.0 毫米，食味品质 76～80 分。两年抗病接种鉴定结果：叶瘟 3～5 级，穗颈瘟 1～3 级。两年耐冷性鉴定结果：处理空壳率 11.1%～13.15%。

产量表现：生产试验平均产量 9178.3 千克。

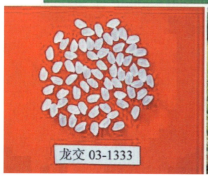
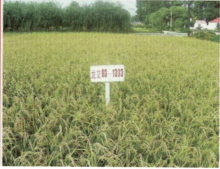

龙粳 29

审定编号：黑审稻 2010010

审定日期：2010 年 3 月 23 日

植物新品种权授权日期：2014 年 11 月 1 日

植物新品种权号：CNA20100315.4

适宜地区：黑龙江省第三积温带下限

完成单位：水稻研究所

完成人员：辛爱华 丛万彪 宋成艳等

获奖情况：2013 年黑龙江省科技进步三等奖

转化金额：233 万元

转化方式：许可

受让方：佳木斯龙粳种业有限公司

合同起止时间：2016 年 1 月 1 日—2016 年 12 月 31 日

特征特性：出苗至成熟生育日数 127 天左右，与对照品种同熟期，需≥10℃活动积温 2250℃左右。主茎 11 片叶，株高 89.4 厘米左右，穗长 16.6 厘米左右，每穗粒数 98.9 粒左右，千粒重 26.2 克左右。两年品质分析结果：出糙率 80.4%～81.6%，整精米率 62.1%～70.3%，垩白粒率 2%～4%，垩白度 0.4%～0.6%，直链淀粉含量（干基）17.56%～19.10%，胶稠度 67～74 毫米，食味品质 80～84 分。两年抗病接种鉴定结果：叶瘟 3～3 级，穗颈瘟 1～5 级。两年耐冷性鉴定结果：处理空壳率 15.2%～21.2%。

产量表现：生产试验平均产量 8168.1 千克。

龙粳 31

审定编号：黑审稻 2011004

审定日期：2011 年 4 月 2 日

植物新品种权授权日期：2014 年 9 月 1 日

植物新品种权号：CNA20100737.4

适宜地区：黑龙江省第三积温带上限

完成单位：水稻研究所

完成人员：潘国君 刘传雪 张淑华等

获奖情况：2014 年黑龙江省科技进步一等奖、2017 年国家科技进步二等奖

转化金额：260 万元

转化方式：许可

受让方：佳木斯龙粳种业有限公司

合同起止时间：2016 年 8 月—2017 年 7 月

转化金额：200 万元

转化方式：许可

受让方：佳木斯龙粳种业有限公司

合同起止时间：2018 年 4 月 25 日—2019 年 4 月 30 日

转化金额：1900 万元

转化方式：许可

受让方：佳木斯龙粳种业有限公司

合同起止时间：2019 年 8 月 13 日—2020 年 6 月 30 日

转化金额：453 万元

转化方式：许可（龙粳 31 水稻原种品种权许可）

受让方：佳木斯龙粳种业有限公司

合同起止时间：2019 年 8 月 13 日—2019 年 12 月 30 日

转化金额：950 万元

转化方式：许可

受让方：佳木斯龙粳种业有限公司

合同起止时间：2020 年 4 月 30 日—2020 年 12 月 30 日

转化金额：476 万元

转化方式：许可

受让方：佳木斯龙粳种业有限公司

合同起止时间：2020 年 8 月 5 日—2020 年 12 月 30 日

特征特性： 出苗至成熟生育日数 130 天左右，与对照品种同熟期。主茎 11 片叶，株高 92 厘米左右，穗长 15.7 厘米左右，每穗粒数 86 粒左右，千粒重 26.3 克左右。两年品质分析结果：出糙率 81.1%～81.2%，整精米率 71.6%～71.8%，垩白粒率 0～2%，垩白度 0～0.1%，直链淀粉含量（干基）16.89%～17.43%，胶稠度 70.5～71.0 毫米，食味品质 79～82 分。三年抗病接种鉴定结果：叶瘟 3～5 级，穗颈瘟 1～5 级。三年耐冷性鉴定结果：处理空壳率 11.39%～14.10%。

产量表现： 生产试验平均产量 9139.8 千克。

龙粳 32

审定编号：黑审稻 2011006

审定日期：2011 年 1 月 25 日

植物新品种权授权日期：2014 年 9 月 1 日

植物新品种权号：CNA20100735.6

适宜地区：黑龙江省第三积温带下限

完成单位：水稻研究所

完成人员：潘国君 张淑华 王瑞英等

转化金额：40 万元

转化方式：许可

受让方：黑龙江省垦农种业有限公司

合同起止时间：2017 年 1 月—2018 年 12 月

转化金额：40 万元

转化方式：许可

受让方：黑龙江省领航种业有限公司

合同起止时间：2019 年 5 月 1 日—2021 年 4 月 30 日

特征特性：在适应区出苗至成熟生育日数 127 天左右，与对照品种同熟期。主茎 11 片叶，株高约 91 厘米，穗长约 15.2 厘米，每穗粒数 90 粒，千粒重 25.2 克。两年品质分析结果：出糙率 79.0%～80.5%，整精米率 62.4%～69.1%，垩白粒率 1%，垩白度 0.1%，直链淀粉含量（干基）17.82%～18.38%，胶稠度 69.0～74.5 毫米，食味品质 77～80 分。三年抗病接种鉴定结果：叶瘟 3 级，穗颈瘟 1～3 级。三年耐冷性鉴定结果：处理空壳率 6.10%～15.39%。

产量表现：生产试验平均产量 8983.9 千克。

龙粳 34

审定编号：黑审稻 2012008

审定日期：2012 年 3 月 2 日

植物新品种权授权日期：2015 年 1 月 1 日

植物新品种权号：CNA20090114.0

适宜地区：黑龙江省第二积温带

完成单位：水稻研究所

完成人员：张云江 吕彬 王继馨等

转化金额：100 万元

转化方式：许可

受让方：黑龙江省普田种业有限公司

合同起止时间：2018 年 4 月 25 日至退出市场

特征特性：出苗至成熟生育日数 134 天左右，与对照品种同熟期，需≥10℃活动积温 2450℃左右。主茎 12 片叶，株高 92 厘米左右，穗长 16.4 厘米左右，每穗粒数 104 粒左右，千粒重 26.3 克左右。三年品质分析结果：出糙率 80.8%～81.4%，整精米率 64.0%～68.8%，垩白粒率 2.0%，垩白度 0.1%～0.3%，直链淀粉含量（干基）17.70%～19.97%，胶稠度 70～76 毫米，食味品质 79～81 分。四年抗病接种鉴定结果：叶瘟 0～3 级，穗颈瘟 1～3 级。四年耐冷性鉴定结果：处理空壳率 1.68%～15.02%。

产量表现：生产试验平均产量 8661.7 千克。

龙粳 38

审定编号：黑审稻 2012014

审定日期：2011 年 7 月 1 日

植物新品种权授权日期：2016 年 5 月 1 日

植物新品种权号：CNA20110015.6

适宜地区：黑龙江省第二积温带上限

完成单位：水稻研究所

完成人员：张云江 吕彬 王继馨 李大林 马文东 杨庆鄂 文顺 赵镛洛

转化金额：40 万元

转化方式：许可

受让方：黑龙江省垦农种业有限公司

合同起止时间：2017 年 1 月—2018 年 12 月

特征特性：软米。在适应区出苗至成熟生育日数 136 天左右。主茎 13 片叶，株高 91 厘米左右，穗长 16.6 厘米左右，每穗粒数 114 粒左右，千粒重 26.7 克左右。三年品质分析结果：出糙率 81.3%～82.0%，整精米率 68.1%～71.2%，垩白粒率 3.5%～5.0%，垩白度 0.3%～0.8%，直链淀粉含量（干基）14.97%～17.01%，胶稠度 76.5～82.5 毫米，食味品质 81～84 分。四年抗病接种鉴定结果：叶瘟 0～5 级，穗颈瘟 0～3 级。四年耐冷性鉴定结果：处理空壳率 3.13%～11.54%。

产量表现：生产试验平均产量 8438.8 千克。

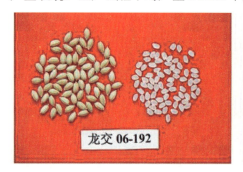

龙交 06-192

龙交 06-192

龙粳 39

审定编号：黑审稻 2013011

审定日期：2013 年 4 月 15 日

植物新品种权授权日期：2016 年 5 月 1 日

植物新品种权号：第 20167257 号

适宜地区：黑龙江省第三积温带上限

完成单位：黑龙江省农业科学院佳木斯水稻研究所、黑龙江省龙粳高科有限责任公司、黑龙江省龙科种业集团有限公司

完成人员：潘国君 关世武 张兰民 张淑华 冯雅舒 刘传雪 王瑞英 黄晓群

获奖情况：2017 年国家科技进步二等奖

转化金额：242 万元

转化方式：许可

受让方：北大荒垦丰种业股份有限公司

合同起止时间：2017 年 4 月—2018 年 5 月

转化金额：486 万元

转化方式：许可

受让方：佳木斯龙粳种业有限公司

合同起止时间：2019 年 1 月 15 日—2034 年 1 月 14 日

品种来源：以龙花 96-1484 母本、龙粳 8 号为父本，系谱方法选育而成。

特征特性：粳稻品种。出苗至成熟生育日数 130 天左右，与对照品种同熟期，需≥10℃活动积温 2350℃左右。主茎 11 片叶，株高 93.3 厘米左右，穗长 15.1 厘米左右，每穗粒数 96.8 粒左右，千粒重 26.9 克左右。两年品质分析结果：出糙率 82.0%～82.1%，整精米率 65.5%～68.0%，垩白粒率 6.0%～14.5%，垩白度 0.5%～2.8%，直链淀粉含量（干基）15.93%～16.93%，胶稠度 73～76 毫米，食味品质 82～84 分。三年抗病接种鉴定结果：叶瘟 3 级，穗颈瘟 3 级。三年耐冷性鉴定结果：处理空壳率 8.33%～14.70%。

产量表现：2010—2011 年区域试验平均公顷产量 9429 千克，较对照品种空育 131 增产 11.5%；2012 年生产试验平均公顷产量 9316.3 千克，较对照品种龙粳 31 增产 6.8%。

栽培技术要点：适宜旱育稀植插秧栽培，一般 4 月 15—25 日播种，5 月 15—25 日插秧。插秧规格为 30.0 厘米×13.3 厘米，每穴 4～5 株。中等肥力地块公顷施肥量：二铵 100 千克、尿素 200～220 千克、硫酸钾 100～150 千克。花达水插秧，分蘖期浅水灌溉，分蘖末期晒田，后期湿润灌溉，成熟后及时收获。

龙粳 42

审定编号：黑审稻 2014009

审定日期：2014 年 2 月 20 日

植物新品种权授权日期：2016 年 9 月 1 日

植物新品种权号：CNA20121092.9

适宜地区：黑龙江省第二积温带

完成单位：水稻研究所

完成人员：张云江 吕彬 王继馨 李大林 马文东 杨庆

转化金额：100 万元

转化方式：许可

受让方：佳木斯领航种业有限公司

合同起止时间：2018 年 1 月 3 日至退出市场

特征特性：在适应区出苗至成熟生育日数 134 天左右，需≥10℃活动积温 2450℃左右。主茎 12 片叶，株高 93 厘米左右，穗长 15.1 厘米左右，每穗粒数 100 粒左右，粒形椭圆，千粒重 25.3 克左右。两年品质分析结果：出糙率 81.4%～82.4%，整精米率 68.5%～69.8%，垩白粒率 4%～10%，垩白度 0.8%～0.9%，直链淀粉含量（干基）17.57%～17.85%，胶稠度 73.5～80.0 毫米，食味品质 81～84 分。三年抗病接种鉴定结果：叶瘟 3 级，穗颈瘟 1～5 级。三年耐冷性鉴定结果：处理空壳率 1.89%～10.12%。

产量表现：生产试验平均产量 8759 千克。

龙粳 43

审定编号：黑审稻 2014012

审定日期：2014 年 2 月 20 日

植物新品种权授权日期：2016 年 9 月 1 日

植物新品种权号：CNA20121093.8

适宜地区：黑龙江省第三积温带上限

完成单位：水稻所研究所

完成人员：张云江 吕彬 王继馨 李大林 马文东 杨庆 郭俊祥 张成亮

获奖情况：2017 年黑龙江省科技进步三等奖

转化金额：160 万元

转化方式：许可

受让方：黑龙江省稼禾种业有限公司

合同起止时间：2020 年 3 月 27 日—2031 年 5 月 30 日

特征特性：在适应区出苗至成熟生育日数 130 天左右，与对照品种龙粳 31 同熟期，需≥10℃活动积温 2350℃左右。主茎 11 片叶，株高 89 厘米左右，穗长 14.4 厘米左右，每穗粒数 104 粒左右，粒形椭圆，千粒重 25.6 克左右。两年品质分析结果：出糙率 81.4%～82.1%，整精米率 66.2%～68.8%，垩白粒率 6%～10%，垩白度 0.9%～2.3%，直链淀粉含量（干基）14.20%～17.31%，胶稠度 84.5～86.5 毫米，食味品质 81～84 分。三年抗病接种鉴定结果：叶瘟 3～5 级，穗颈瘟 1～5 级。三年耐冷性鉴定结果：处理空壳率 15.9%～22.4%。

产量表现：区域试验平均公顷产量 8165.2 千克；生产试验平均公顷产量 9419.2 千克。

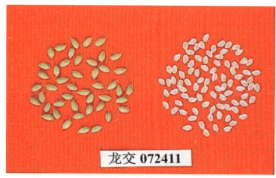

龙交 072411

龙交 072411

龙粳 46

审定编号：黑审稻 2015012

审定日期：2015 年 5 月 14 日

植物新品种权授权日期：2017 年 5 月 1 日

植物新品种权号：CNA20121095.6

适宜地区：黑龙江省第三积温带

完成单位：水稻研究所

完成人员：潘国君 王瑞英 张淑华 关世武 刘传雪 张兰民 冯雅舒 黄晓群 郭震华

转化金额：242 万元

转化方式：许可

受让方：北大荒垦丰种业股份有限公司

合同起止时间：2017 年 4 月—2018 年 5 月

转化金额：1300 万元

转化方式：许可

受让方：佳木斯龙粳种业有限公司

合同起止时间：2018 年 12 月 25 日—2032 年 12 月 11 日

特征特性：在适应区出苗至成熟生育日数 127 天左右，需≥10℃活动积温 2250℃左右。主茎 11 片叶，株高 91.6 厘米左右，穗长 15.8 厘米左右，每穗粒数 108 粒左右，粒形椭圆，千粒重 26.9 克左右。两年品质分析结果：出糙率 82.8%～83.0%，整精米率 69.1%～69.5%，垩白粒率 4.5%～9.0%，垩白度 0.6%～1.8%，直链淀粉含量（干基）17.14%～17.97%，胶稠度 75.5～76.0 毫米，食味品质 81 分，达到国家《优质稻谷》标准二级。三年抗病接种鉴定结果：叶瘟 4～5 级，穗颈瘟 1～5 级。三年耐冷性鉴定结果：处理空壳率 4.4%～15.8%。

产量表现：生产试验平均产量 9320 千克。

龙生 03011

龙生 03011

龙粳 48

审定编号：黑审稻 2015014

审定日期：2015 年 5 月 14 日

植物新品种权授权日期：2017 年 9 月 1 日

植物新品种权号：CNA20140385.5

适宜地区：黑龙江省第四积温带

完成单位：水稻研究所

完成人员：刘乃生 宋成艳 王桂玲 鄂文顺 周雪松 潘国君 陆文静

转化金额：242 万元

转化方式：许可

受让方：北大荒垦丰种业股份有限公司

合同起止时间：2017 年 4 月—2018 年 5 月

转化金额：150 万元

转化方式：许可

受让方：佳木斯领航种业有限公司

合同起止时间：2018 年 1 月 3 日—2022 年 12 月 31 日

特征特性：在适应区出苗至成熟生育日数 123 天左右，与对照品种同熟期，需≥10℃活动积温 2150℃。主茎 10 片叶，株高 83.2 厘米，穗长 15.1 厘米，每穗粒数 78 粒，粒形椭圆，千粒重 26.8 克。两年品质分析结果：出糙率 81.2%～81.9%，整精米率 66.0%～69.2%，垩白粒率 3.0%～3.5%，垩白度 0.5%～1.0%，直链淀粉含量（干基）17.89%～18.22%，胶稠度 71.5～73.5 毫米，食味品质 79～80 分，达到国家《优质稻谷》标准二级。三年抗病接种鉴定结果：叶瘟 3～4 级，穗颈瘟 1～3 级。三年耐冷性鉴定结果：处理空壳率 8.1%～15.3%。

产量表现：生产试验平均产量 9498.5 千克。

龙粳 50

审定编号：黑审稻 2016008

审定日期：2016 年 5 月 16 日

植物新品种权授权日期：2017 年 9 月 1 日

植物新品种权号：CNA20140349.0

适宜地区：黑龙江省第三积温带上限

完成单位：水稻研究所

完成人员：潘国君　张兰民　刘传雪　关世武　王瑞英　张淑华　冯雅舒　黄晓群

获奖情况：2020 年黑龙江省科技进步二等奖

转化金额：130 万元

转化方式：许可

受让方：佳木斯鼎丰种业有限公司

合同起止时间：2020 年 3 月 27 日—2025 年 4 月 30 日

特征特性：在适应区出苗至成熟生育日数 130 天左右，需≥10℃活动积温 2350℃左右。主茎 11 片叶，株高 94.3 厘米左右，穗长 15.4 厘米左右，每穗粒数 114 粒左右，粒形椭圆，千粒重 26.1 克左右。两年品质分析结果：出糙率 81.4%～83.6%，整精米率 69.9%～72.2%，垩白粒率 9.5%～16.5%，垩白度 2.0%～2.5%，直链淀粉含量（干基）17.18%～17.35%，胶稠度 73～75 毫米，食味品质 80 分，达到国家《优质稻谷》标准二级。三年抗病接种鉴定结果：叶瘟 3 级，穗颈瘟 1～5 级。三年耐冷性鉴定结果：处理空壳率 15.80%～19.81%。

产量表现：生产试验平均产量 9836.3 千克。

龙粳 51

审定编号： 黑审稻 2016009

审定日期： 2016 年 5 月 16 日

植物新品种权授权日期： 2017 年 9 月 1 日

植物新品种权号： CNA20140382.8

适宜地区： 黑龙江省第三积温带上限

完成单位： 水稻研究所

完成人员： 张云江 吕彬 王继馨 李大林 马文东 杨庆

转化金额： 260 万元

转化方式： 许可

受让方： 黑龙江省龙科种业集团有限公司

合同起止时间： 2017 年 1 月—2022 年 5 月

特征特性： 普通水稻品种。在适应区出苗至成熟生育日数 130 天左右，需≥10℃活动积温 2350℃左右。主茎 11 片叶，株高 91.9 厘米左右，穗长 15.7 厘米左右，每穗粒数 102 粒左右，粒形椭圆，千粒重 27.6 克左右。两年品质分析结果：出糙率 81.8%～82.8%，整精米率 71.2%～71.8%，垩白粒率 4.5%～8.0%，垩白度 0.6%～2.1%，直链淀粉含量（干基）16.40%～17.85%，胶稠度 73.5～80.0 毫米，食味品质 80 分，达到国家《优质稻谷》标准二级。三年抗病接种鉴定结果：叶瘟 3 级，穗颈瘟 3～5 级。三年耐冷性鉴定结果：处理空壳率 17.60%～24.23%。

产量表现： 生产试验平均产量 9754.1 千克。

龙粳 53

审定编号：黑审稻 2016011

审定日期：2016 年 5 月 16 日

植物新品种权授权日期：2016 年 11 月 1 日

植物新品种权号：CNA20121097.4

适宜地区：黑龙江省第三积温带上限

完成单位：水稻研究所

完成人员：潘国君 刘传雪 关世武 王瑞英 张兰民 张淑华 冯雅舒 黄晓群

转化金额：160 万元

转化方式：许可

受让方：哈尔滨润沃农业科技有限公司

合同起止时间：2017 年 11 月—2022 年 11 月

特征特性：在适应区出苗至成熟生育日数 130 天左右，需≥10℃活动积温 2350℃左右。主茎 11 片叶，株高 95.8 厘米左右，穗长 15.6 厘米左右，每穗粒数 110 粒左右，粒形椭圆，千粒重 26.3 克左右。三年品质分析结果：出糙率 82.6%～83.0%，整精米率 68.4%～71.8%，垩白粒率 6.5%～14.5%，垩白度 0.9%～2.4%，直链淀粉含量（干基）16.23%～18.05%，胶稠度 70.0～78.5 毫米，食味品质 80～82 分，达到国家《优质稻谷》标准二级。四年抗病接种鉴定结果：叶瘟 3～5 级，穗颈瘟 1 级。四年耐冷性鉴定结果：处理空壳率 12.77%～18.00%。

产量表现：生产试验平均产量 9844.4 千克。

龙粳 54

审定编号：黑审稻 2016014

审定日期：2016 年 5 月 16 日

植物新品种权授权日期：2018 年 11 月 8 日

植物新品种权号：CNA20140383.7

适宜地区：黑龙江省第四积温带

完成单位：水稻研究所

完成人员：潘国君 刘传雪 关世武 王瑞英 张兰民 张淑华 冯雅舒 黄晓群

转化金额：110 万元

转化方式：许可

受让方：哈尔滨润沃农业科技有限公司

合同起止时间：2017 年 11 月—2022 年 11 月

特征特性：在适应区出苗至成熟生育日数 123 天左右，需≥10℃活动积温 2150℃左右。主茎 10 片叶，株高 86.5 厘米左右，穗长 14.9 厘米左右，每穗粒数 78 粒左右，粒形椭圆，千粒重 26 克左右。两年品质分析结果：出糙率 82.7%～83.0%，整精米率 66.7%～70.9%，垩白粒率 10.5%～12.5%，垩白度 1.9%～3.0%，直链淀粉含量（干基）17.09%～17.51%，胶稠度 72～73 毫米，食味品质 73～80 分，达到国家《优质稻谷》标准三级。三年抗病接种鉴定结果：叶瘟 3～5 级，穗颈瘟 1～5 级。三年耐冷性鉴定结果：处理空壳率 8.5%～17.5%。

产量表现：生产试验平均产量 9372.5 千克。

龙粳 55

审定编号：黑审稻 2017030

审定日期：2017 年 5 月 31 日

植物新品种权授权日期：2017 年 9 月 1 日

植物新品种权号：CNA20140262.3

适宜地区：黑龙江省第二积温带

完成单位：水稻研究所

完成人员：张云江　吕彬　王继馨　李大林　马文东　杨庆

转化金额：140 万元

转化方式：许可

受让方：黑龙江省普田种业有限公司

合同起止时间：2018 年 4 月 25 日—2028 年 4 月 24 日

特征特性：在适应区出苗至成熟生育日数 134 天左右，与对照品种龙粳 21 同熟期，需≥10℃活动积温 2450℃左右。主茎 12 片叶，株高 95.7 厘米左右，穗长 16.3 厘米左右，每穗粒数 104 粒左右，粒形椭圆，千粒重 26.9 克左右。两年品质分析结果：出糙率 80.0%～81.2%，整精米率 69.9%～71.4%，垩白粒率 7.5%～12.0%，垩白度 1.3%～2.5%，直链淀粉含量（干基）13.76%～15.62%，胶稠度 70.5～91.0 毫米，食味品质 84 分。三年抗病接种鉴定结果：叶瘟 0～5 级，穗颈瘟 0～1 级。三年耐冷性鉴定结果：处理空壳率 7.37%～16.87%。

产量表现：生产试验平均产量 8864.3 千克。

龙粳 56

审定编号：黑审稻 2017018

审定日期：2017 年 5 月 31 日

植物新品种权授权日期：2018 年 1 月 2 日

植物新品种权号：CNA20140263.2

适宜地区：黑龙江省第三积温带上限

完成单位：水稻研究所

完成人员：张云江 吕彬 王继馨 李大林 马文东 杨庆

转化金额：200 万元

转化方式：许可

受让方：黑龙江宏晨种业有限责任公司

合同起止时间：2019 年 11 月 10 日—2035 年 1 月 10 日

特征特性：在适应区出苗至成熟生育日数 130 天左右，与对照品种龙粳 31 同熟期，需≥10℃活动积温 2350℃左右。主茎 11 片叶，株高 95.5 厘米左右，穗长 16.4 厘米左右，每穗粒数 114 粒左右，粒形椭圆，千粒重 26.2 克左右。两年品质分析结果：出糙率 80.7%～83.3%，整精米率 68.9%～69.8%，垩白粒率 9.5%～29.0%，垩白度 1.8%～4.4%，直链淀粉含量（干基）17.64%～17.68%，胶稠度 73.5～74.5 毫米，食味品质 80～82 分，达到国家《优质稻谷》标准二级。三年抗病接种鉴定结果：叶瘟 3 级，穗颈瘟 1～3 级。三年耐冷性鉴定结果：处理空壳率 21.31%～24.30%。

产量表现：生产试验平均产量 9938.5 千克。

龙粳 57

审定编号：黑审稻 2017033

审定日期：2017 年 5 月 31 日

植物新品种权授权日期：2017 年 9 月 1 日

植物新品种权号：CNA20140260.5

适宜地区：黑龙江省第三积温带上限

完成单位：水稻研究所

完成人员：张云江 吕彬 王继馨 李大林 马文东 杨庆

转化金额：300 万元

转化方式：许可

受让方：佳木斯龙粳种业有限公司

合同起止时间：2020 年 4 月 30 日—2020 年 12 月 30 日

特征特性：在适应区出苗至成熟生育日数 130 天左右，与对照品种同熟期，需≥10℃活动积温 2350℃左右。主茎 11 片叶，株高 92.2 厘米左右，穗长 16 厘米左右，每穗粒数 90 粒左右，粒形椭圆，千粒重 25.5 克左右。两年品质分析结果：出糙率 81.3%～82.3%，整精米率 71.4%～72.1%，直链淀粉含量（干基）0.10%～0.58%，胶稠度 100 毫米，达到国家《优质稻谷》粳糯稻谷标准。三年抗病接种鉴定结果：叶瘟 3 级，穗颈瘟 1～3 级。三年耐冷性鉴定结果：处理空壳率 16.60%～21.67%。

产量表现：生产试验平均产量 9615.3 千克。

龙粳 58

审定编号：黑审稻 2017019

审定日期：2017 年 5 月 31 日

植物新品种权授权日期：2018 年 1 月 2 日

植物新品种权号：CNA20140257.0

适宜地区：黑龙江省第三积温带

完成单位：水稻研究所

完成人员：潘国君 关世武 刘传雪 王瑞英 张兰民 张淑华 冯雅舒 黄晓群 郭震华

转化金额：120 万元

转化方式：许可

受让方：佳木斯市垦育种业有限公司

合同起止时间：2019 年 11 月 25 日—2024 年 4 月 30 日

特征特性：在适应区出苗至成熟生育日数 127 天左右，与对照品种同熟期，需≥10℃活动积温 2250℃左右。主茎 11 片叶，株高 91.1 厘米左右，穗长 14.4 厘米左右，每穗粒数 89 粒左右，粒形椭圆，千粒重 25 克左右。两年品质分析结果：出糙率 82.4%～84.0%，整精米率 70.7%～72.6%，垩白粒率 6.5%～10.5%，垩白度 1.2%～1.9%，直链淀粉含量（干基）16.99%～17.05%，胶稠度 73.5～76.5 毫米，食味品质 82～84 分，达到国家《优质稻谷》标准二级。三年抗病接种鉴定结果：叶瘟 3～5 级，穗颈瘟 1～5 级。三年耐冷性鉴定结果：处理空壳率 5.91%～13.00%。

产量表现：生产试验平均产量 9156.8 千克。

龙粳 60

审定编号：黑审稻 2017022

审定日期：2017 年 5 月 31 日

植物新品种权授权日期：2017 年 9 月 1 日

植物新品种权号：CNA20140259.8

适宜地区：黑龙江省第三积温带

完成单位：水稻研究所

完成人员：潘国君 张淑华 王瑞英 张兰民 关世武 刘传雪 冯雅舒 黄晓群 郭震华

转化金额：120 万元

转化方式：许可

受让方：佳木斯宜佳种业有限公司

合同起止时间：2020 年 3 月 27 日—2024 年 4 月 30 日

特征特性：在适应区出苗至成熟生育日数 127 天左右，与对照品种同熟期，需≥10℃活动积温 2250℃左右。主茎 11 片叶，株高 92.1 厘米左右，穗长 14.3 厘米左右，每穗粒数 85 粒左右，粒形椭圆，千粒重 26 克左右。两年品质分析结果：出糙率 82.7%～83.7%，整精米率 70.2%～70.6%，垩白粒率 10.5%～15.0%，垩白度 1.8%～2.6%，直链淀粉含量（干基）17.17%～17.47%，胶稠度 71.5～76.5 毫米，食味品质 78～82 分，达到国家《优质稻谷》标准二级。三年抗病接种鉴定结果：叶瘟 3～5 级，穗颈瘟 1～5 级。三年耐冷性鉴定结果：处理空壳率 8.69%～23.70%。

产量表现：生产试验平均产量 9356.3 千克。

龙粳 63

审定编号：黑审稻 2018019

审定日期：2018 年 4 月 25 日

植物新品种权授权日期：2018 年 1 月 2 日

植物新品种权号：CNA20150470.0

适宜地区：黑龙江省≥10℃活动积温 2350℃地区

完成单位：水稻研究所

完成人员：潘国君 张兰民 关世武 刘传雪 王瑞英 张淑华 冯雅舒 黄晓群 郭震华

转化金额：731.5 万元

转化方式：许可

受让方：黑龙江倍丰种业有限公司

合同起止时间：2018 年 6 月 1 日—2021 年 4 月 30 日

特征特性：在适应区出苗至成熟生育日数 130 天左右，需≥10℃活动积温 2350℃左右。主茎 11 片叶，株高 101.4 厘米左右，穗长 16.8 厘米左右，每穗粒数 105 粒左右，粒形椭圆，千粒重 27.8 克左右。品质分析结果：出糙率 83.3%，整精米率 71.9%，垩白粒率 15.5%，垩白度 2.2%，直链淀粉含量（干基）18.63%，胶稠度 66.5 毫米，食味品质 78 分，达到国家《优质稻谷》标准三级。三年抗病接种鉴定结果：叶瘟 3～5 级，穗颈瘟 1～3 级。三年耐冷性鉴定结果：处理空壳率 3.74%～27.52%。

产量表现：生产试验平均产量 10075.4 千克。

龙粳 65

审定编号：黑审稻 2018023

审定日期：2018 年 4 月 25 日

植物新品种权授权日期：2018 年 1 月 2 日

植物新品种权号：CNA20151562.7

适宜地区：黑龙江省≥10℃活动积温 2250℃地区

完成单位：水稻研究所

完成人员：吕彬 杨庆 李大林 马文东 王继馨 张云江

转化金额：362 万元

转化方式：许可

受让方：佳木斯龙粳种业有限公司

合同起止时间：2019 年 8 月 13 日—2019 年 12 月 30 日

特征特性：在适应区出苗至成熟生育日数 127 天左右，需≥10℃活动积温 2250℃左右。主茎 11 片叶，株高 92.5 厘米左右，穗长 15 厘米左右，每穗粒数 89 粒左右，粒形椭圆，千粒重 25.1 克左右。三年品质分析结果：出糙率 82.5%，整精米率 67.8%，垩白粒率 14.5%，垩白度 2.7%，直链淀粉含量（干基）18.48%，胶稠度 73.5 毫米，食味品质 83 分，达到国家《优质稻谷》标准二级。三年抗病接种鉴定结果：叶瘟 3～4 级，穗颈瘟 1～5 级。三年耐冷性鉴定结果：处理空壳率 4.40%～7.79%。

产量表现：生产试验平均产量 9419.2 千克。

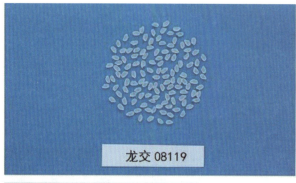
龙交 08119

龙交 08119

龙粳 66

审定编号：黑审稻 2018021

审定日期：2018 年 4 月 25 日

植物新品种权授权日期：2019 年 1 月 31 日

植物新品种权号：CNA20171238.9

适宜地区：黑龙江省≥10℃活动积温 2250℃地区

完成单位：水稻研究所

完成人员：刘乃生 王桂玲 宋成艳 周雪松 鄂文顺 陆文静 潘国君

转化金额：200 万元

转化方式：许可

受让方：黑龙江省龙科种业集团有限公司

合同起止时间：2019 年 4 月 1 日—2022 年 3 月 31 日

特征特性：在适应区出苗至成熟生育日数 127 天左右，需≥10℃活动积温 2250℃左右。主茎 11 片叶，株高 95.4 厘米左右，穗长 16.6 厘米左右，每穗粒数 107 粒左右，粒形椭圆，千粒重 27 克左右。三年品质分析结果：出糙率 82.7%，整精米率 70.7%，垩白粒率 6%，垩白度 0.8%，直链淀粉含量（干基）17.48%，胶稠度 73.5 毫米，食味品质 82 分，达到国家《优质稻谷》标准二级。三年抗病接种鉴定结果：叶瘟 3～5 级，穗颈瘟 1～5 级。三年耐冷性鉴定结果：处理空壳率 3.44%～11.20%。

产量表现：生产试验平均产量 9559.5 千克。

龙粳 67

审定编号：黑审稻 2018028

审定日期：2018 年 4 月 25 日

植物新品种权授权日期：2019 年 1 月 31 日

植物新品种权号：CNA20180628.8

适宜地区：黑龙江省≥10℃活动积温 2150℃地区

完成单位：水稻研究所

完成人员：孙淑红 孙海正 赵凤民 王立楠 薛菁芳 徐希德

转化金额：180 万元

转化方式：许可

受让方：齐齐哈尔市富尔农艺有限公司

合同起止时间：2018 年 9 月 20 日—2023 年 3 月 30 日

特征特性：在适应区出苗至成熟生育日数 123 天左右，与对照品种同熟期，需≥10℃活动积温 2150℃左右。主茎 10 片叶，株高 91.4 厘米左右，穗长 16.5 厘米左右，每穗粒数 78 粒左右，粒形椭圆，千粒重 26.3 克左右。三年品质分析结果：出糙率 81.5%，整精米率 68.9%，垩白粒率 24.5%，垩白度 4.6%，直链淀粉含量（干基）18.77%，胶稠度 76.5 毫米，食味品质 79 分，达到国家《优质稻谷》标准三级。三年抗病接种鉴定结果：叶瘟 5～6 级，穗颈瘟 5 级。三年耐冷性鉴定结果：处理空壳率 3.17%～9.40%。

产量表现：生产试验平均产量 9063.6 千克。

龙粳 69

审定编号：黑审稻 2018030

审定日期：2018 年 4 月 25 日

植物新品种权授权日期：2019 年 1 月 31 日

植物新品种权号：CNA20171237.0

适宜地区：黑龙江省≥10℃活动积温 2150℃地区

种植完成单位：水稻研究所

完成人员：刘乃生 王桂玲 宋成艳 周雪松 鄂文顺 陆文静 潘国君

转化金额：170 万元

转化方式：许可

受让方：黑龙江农垦垦研种业有限公司

合同起止时间：2018 年 5 月 14 日—2023 年 5 月 14 日

特征特性：在适应区出苗至成熟生育日数 123 天左右，需≥10℃活动积温 2150℃左右。主茎 10 片叶，株高 92.4 厘米左右，穗长 15.1 厘米左右，每穗粒数 81 粒左右，粒形椭圆，千粒重 26.9 克左右。三年品质分析结果：出糙率 82%，整精米率 71.8%，垩白粒率 4%，垩白度 0.8%，直链淀粉含量（干基）17.73%，胶稠度 78 毫米，食味品质 82 分，达到国家《优质稻谷》标准二级。三年抗病接种鉴定结果：叶瘟 5～7 级，穗颈瘟 1～7 级。三年耐冷性鉴定结果：处理空壳率 3.51%～16.40%。

产量表现：生产试验平均产量 9195.8 千克。

龙粳 1424

审定编号：黑审稻 20190034

审定日期：2019 年 5 月 9 日

植物新品种权授权日期：2018 年 1 月 2 日

植物新品种权号：CNA20151565.4

适宜地区：黑龙江省≥10℃活动积温 2250℃地区

完成单位：水稻研究所

完成人员：王继馨 张云江 马文东 李大林 杨庆 吕彬

转化金额：210 万元

转化方式：转让

受让方：齐齐哈尔富尔农艺有限公司

合同起止时间：2019 年 10 月 15 日—2039 年 10 月 15 日

特征特性：在适应区出苗至成熟生育日数 127 天左右，需≥10℃活动积温 2250℃左右。主茎 11 片叶，株高 89 厘米左右，穗长 15.3 厘米左右，每穗粒数 98 粒左右，粒形椭圆，千粒重 26.1 克左右。三年品质分析结果：出糙率 81.2%，整精米率 64.6%，垩白粒率 6%，垩白度 1.7%，直链淀粉含量（干基）16.88%，胶稠度 74 毫米，食味品质 82 分，粗蛋白（干基）6.94%，达到国家《优质稻谷》标准二级。三年抗病接种鉴定结果：叶瘟 3～5 级，穗颈瘟 5 级。三年耐冷性鉴定结果：处理空壳率 5.44%～24.21%。

产量表现：生产试验平均产量 8770.2 千克。

龙粳 1491

审定编号：黑审稻 20190026

审定日期：2019 年 5 月 9 日

植物新品种权授权日期：2019 年 1 月 31 日

植物新品种权号：CNA20151570.7

适宜地区：黑龙江省≥10℃活动积温 2350℃地区

完成单位：水稻研究所

完成人员：张云江 马文东 王继馨 李大林 杨庆 吕彬

转化金额：110 万元

转化方式：转让

受让方：齐齐哈尔富尔农艺有限公司

合同起止时间：2019 年 10 月 15 日—2039 年 10 月 15 日

特征特性：在适应区出苗至成熟生育日数 130 天左右，需≥10℃活动积温 2350℃左右。主茎 11 片叶，株高 96 厘米左右，穗长 15.6 厘米左右，每穗粒数 112 粒左右，粒形椭圆，千粒重 26.6 克左右。三年品质分析结果：出糙率 81.8%，整精米率 67%，垩白粒率 3%，垩白度 0.5%，直链淀粉含量（干基）17.86%，胶稠度 72 毫米，食味品质 84 分，粗蛋白（干基）7.44%，达到国家《优质稻谷》标准二级。三年抗病接种鉴定结果：叶瘟 3～5 级，穗颈瘟 1～5 级。三年耐冷性鉴定结果：处理空壳率 6.32%～20.00%。

产量表现：生产试验平均产量 8893.8 千克。

龙粳 1539

审定编号：黑审稻 20200036

审定日期：2020 年 7 月 15 日

植物新品种权授权日期：2020 年 9 月 30 日

植物新品种权号：CNA20170241.6

适宜地区：黑龙江省≥10℃活动积温 2200℃地区

完成单位：水稻研究所

完成人员：马文东 杨庆 张云江 王继馨 李大林 吕彬

转化金额：100 万元

转化方式：许可

受让方：黑龙江农垦垦研种业有限公司

合同起止时间：2020 年 8 月 5 日—2035 年 4 月 30 日

特征特性：在适应区出苗至成熟生育日数 125 天左右，需≥10℃活动积温 2200℃左右。主茎 10 片叶，株高 89.8 厘米左右，穗长 15.8 厘米左右，每穗粒数 78 粒左右，粒形椭圆，千粒重 27.3 克左右。两年品质分析结果：出糙率 82.4%～83.2%，整精米率 66.6%～72.2%，垩白粒率 5.0%～6.5%，垩白度 1.0%～1.7%，直链淀粉含量（干基）15.7%～17.6%，胶稠度 75.5～82 毫米，粗蛋白（干基）7.18%～7.19%，食味品质 81～87 分，达到国家《优质稻谷》标准二级。三年抗病接种鉴定结果：叶瘟 4～7 级，穗颈瘟 1～7 级。三年耐冷性鉴定结果：处理空壳率 2.78%～17.95%。

产量表现：生产试验平均产量 9130.7 千克。

龙粳 1624

审定编号：黑审稻 2020L0037

审定日期：2020 年 7 月 15 日

植物新品种权授权日期：2020 年 7 月 27 日

植物新品种权号：CNA20180933.8

适宜地区：黑龙江省≥10℃活动积温 2400℃地区

完成单位：水稻研究所

完成人员：张云江 王继馨 马文东 杨庆 李大林 吕彬

转化金额：850 万元

转化方式：许可

受让方：黑龙江臻邦科技有限公司

合同起止时间：2020 年 8 月 5 日至品种权终止

特征特性：在适应区出苗至成熟生育日数 130 天左右，需≥10℃活动积温 2400℃左右。主茎 11 片叶，株高 94.2 厘米左右，穗长 15.2 厘米左右，每穗粒数 106 粒左右，粒形椭圆，千粒重 26.1 克左右。两年品质分析结果：出糙率 82.8%～84.0%，整精米率 65.6%～72.4%，垩白粒率 2.0%～7.5%，垩白度 0.2%～1.8%，直链淀粉含量（干基）15.02%～17.00%，胶稠度 78～82 毫米，粗蛋白（干基）6.62%～7.41%，食味品质 80～81 分，达到国家《优质稻谷》标准二级。三年抗病接种鉴定结果：叶瘟 2～3 级，穗颈瘟 1～3 级。三年耐冷性鉴定结果：处理空壳率 3.42%～24.24%。

产量表现：生产试验平均产量 8350.7 千克。

龙粳 1665

审定编号：黑审稻 2020L0049

审定日期：2020 年 7 月 15 日

植物新品种权授权日期：2020 年 7 月 27 日

植物新品种权号：CNA20180936.5

适宜地区：黑龙江省≥10℃活动积温 2200℃地区

完成单位：水稻研究所

完成人员：杨庆 李大林 马文东 张云江 王继馨 吕彬

转化金额：100 万元

转化方式：许可

受让方：黑龙江新峰农业发展集团桦川新峰种业有限公司

合同起止时间：2020 年 11 月 29 日—2035 年 11 月 29 日

特征特性：在适应区出苗至成熟生育日数 123 天左右，需≥10℃活动积温 2200℃左右。主茎 10 片叶，株高 91.5 厘米左右，穗长 16.4 厘米左右，每穗粒数 91 粒左右，粒形椭圆，千粒重 25.3 克左右。两年品质分析结果：出糙率 83.1%～83.6%，整精米率 68.9%～69.4%，垩白粒率 4.0%～11.5%，垩白度 0.6%～2.8%，直链淀粉含量（干基）16.31%～17.00%，胶稠度 77～84 毫米，粗蛋白（干基）6.44%～7.08%，食味品质 83～86 分，达到国家《优质稻谷》标准二级。三年抗病接种鉴定结果：叶瘟 3～6 级，穗颈瘟 3～7 级。三年耐冷性鉴定结果：处理空壳率 5.85%～17.17%。

产量表现：生产试验平均产量 8966.7 千克。

龙粳 1665

龙粳 3001

成果名称：龙粳 3001 水稻品种权许可合同

审定编号：黑审稻 2020L0045

审定日期：2020 年 7 月 15 日

植物新品种权授权日期：2020 年 7 月 27 日

植物新品种权号：CNA20173409.8

适宜地区：黑龙江省≥10℃活动积温 2300℃地区

完成单位：水稻研究所

完成人员：潘国君 关世武 张兰民 刘传雪 张淑华 王瑞英 黄晓群 郭震华 冯雅舒

转化金额：200 万元

转化方式：许可

受让方：合肥丰乐种业股份有限公司

合同起止时间：2020 年 8 月 20 日—2025 年 4 月 30 日

特征特性：在适应区出苗至成熟生育日数 127 天左右，需≥10℃活动积温 2300℃左右。主茎 11 片叶，株高 96.9 厘米左右，穗长 16.4 厘米左右，每穗粒数 99 粒左右，圆粒形，千粒重 26.1 克左右。两年品质分析结果：出糙率 82.5%～84.4%，整精米率 67.5%～71.4%，垩白粒率 5%～7%，垩白度 1.1%～1.7%，直链淀粉含量（干基）17.29%～17.30%，胶稠度 80～82 毫米，粗蛋白（干基）7.42%～7.76%，食味品质 80～81 分，达到国家《优质稻谷》标准二级。三年抗病接种鉴定结果：叶瘟 3～5 级，穗颈瘟 1～5 级。三年耐冷性鉴定结果：处理空壳率 6.10%～28.04%。

产量表现：生产试验平均产量 8141.6 千克。

龙粳 3007

审定编号：黑审稻 20190040

审定日期：2019 年 5 月 9 日

植物新品种权授权日期：2020 年 12 月 31 日

植物新品种权号：CNA20160990.0

适宜地区：黑龙江省≥10℃活动积温 2200℃地区

完成单位：水稻研究所

完成人员：潘国君 关世武 张兰民 刘传雪 张淑华 王瑞英 黄晓群 冯雅舒 郭震华

转化金额：110 万元

转化方式：许可

受让方：黑龙江省金百粒农业科技有限公司

合同起止时间：2019 年 5 月 5 日—2023 年 4 月 30 日

特征特性：在适应区出苗至成熟生育日数 125 天左右，需≥10℃活动积温 2200℃左右。主茎 10 片叶，株高 91 厘米左右，穗长 14.8 厘米左右，每穗粒数 85 粒左右，粒形椭圆，千粒重 27.5 克左右。两年品质分析结果：出糙率 81.1%，整精米率 68.6%，垩白粒率 5.5%，垩白度 2.2%，直链淀粉含量（干基）18.92%，粗蛋白（干基）7.34%，胶稠度 75.5 毫米，食味品质 85 分，达到国家《优质稻谷》标准二级。三年抗病接种鉴定结果：叶瘟 5 级，穗颈瘟 1～5 级。三年耐冷性鉴定结果：处理空壳率 3.00%～16.15%。

产量表现：生产试验平均产量 9322.1 千克。

龙粳 3033

审定编号：黑审稻 20190038

审定日期：2019 年 5 月 9 日

植物新品种权授权日期：2020 年 12 月 31 日

植物新品种权号：CNA20160991.9

适宜地区：黑龙江省≥10℃活动积温 2150℃地区

完成单位：水稻研究所

完成人员：潘国君 刘传雪 张淑华 王瑞英 关世武 张兰民 黄晓群 冯雅舒 郭震华

转化金额：200 万元

转化方式：许可

受让方：合肥丰乐种业股份有限公司

合同起止时间：2020 年 8 月 20 日—2025 年 4 月 30 日

特征特性：在适应区出苗至成熟生育日数 123 天左右，需≥10℃活动积温 2150℃左右。主茎 10 片叶，株高 87 厘米左右，穗长 15 厘米左右，每穗粒数 87 粒左右，粒形椭圆，千粒重 25.7 克左右。三年品质分析结果：出糙率 82.3%，整精米率 64.3%，垩白粒率 3.5%，垩白度 0.8%，直链淀粉含量（干基）17.92%，胶稠度 75.5 毫米，食味品质 85 分，粗蛋白（干基）6.81%，达到国家《优质稻谷》标准二级。三年抗病接种鉴定结果：叶瘟 5 级，穗颈瘟 3～5 级。三年耐冷性鉴定结果：处理空壳率 4.92%～27.00%。

产量表现：生产试验平均产量 9205 千克。

龙粳 3047

审定编号：黑审稻 2020L0020

审定日期：2020 年 7 月 15 日

植物新品种权授权日期：2020 年 12 月 31 日

植物新品种权号：CNA20160992.8

适宜地区：黑龙江省≥10℃活动积温 2500℃地区

完成单位：水稻研究所

完成人员：潘国君 关世武 王瑞英 张兰民 张淑华 刘传雪 黄晓群 冯雅舒 郭震华 郭俊祥

转化金额：180 万元

转化方式：许可

受让方：黑龙江莲农种业有限公司

合同起止时间：2020 年 3 月 30 日—2023 年 4 月 30 日

特征特性：在适应区出苗至成熟生育日数 134 天左右，需≥10℃活动积温 2500℃左右。主茎 12 片叶，株高 100.2 厘米左右，穗长 18.2 厘米左右，每穗粒数 106 粒左右，长粒形，千粒重 26.6 克左右。两年品质分析结果：出糙率 80.4%～83.4%，整精米率 68.0%～68.1%，垩白粒率 9%～13%，垩白度 1.6%～2.2%，直链淀粉含量（干基）18.23%～18.40%，胶稠度 74～78 毫米，粗蛋白（干基）7.59%～7.76%，食味品质 81～83 分，达到国家《优质稻谷》标准二级。三年抗病接种鉴定结果：叶瘟 1 级，穗颈瘟 1～3 级。三年耐冷性鉴定结果：处理空壳率 11.80%～25.36%。

产量表现：生产试验平均产量 8484.7 千克。

龙粳 3100

审定编号：黑审稻 20190033

审定日期：2019 年 5 月 9 日

植物新品种权授权日期：2020 年 12 月 31 日

植物新品种权号：CNA20160994.6

适宜地区：黑龙江省≥10℃活动积温 2250℃地区

完成单位：水稻研究所

完成人员：潘国君 张兰民 张淑华 关世武 王瑞英 刘传雪 黄晓群 冯雅舒 郭震华

转化金额：160 万元

转化方式：许可

受让方：绥化市兴盈种业有限公司

合同起止时间：2019 年 4 月 30 日—2022 年 4 月 29 日

特征特性：在适应区出苗至成熟生育日数 127 天左右，需≥10℃活动积温 2250℃左右。主茎 11 片叶，株高 93 厘米左右，穗长 15 厘米左右，每穗粒数 95 粒左右，粒形椭圆，千粒重 26.9 克左右。三年品质分析结果：出糙率 81.5%，整精米率 64.6%，垩白粒率 10%，垩白度 1.8%，直链淀粉含量（干基）16.83%，胶稠度 75.5 毫米，食味品质 83 分，粗蛋白(干基）6.63%，达到国家《优质稻谷》标准二级。三年抗病接种鉴定结果：叶瘟 3～4 级，穗颈瘟 1～3 级。三年耐冷性鉴定结果：处理空壳率 6.08%～26.84%。

产量表现：生产试验平均产量 8959 千克。

龙粳 4298

审定编号：黑审稻 20190037

审定日期：2019 年 5 月 9 日

植物新品种权授权日期：2019 年 7 月 22 日

植物新品种权号：CNA20171536.8

适宜地区：黑龙江省≥10℃活动积温 2150℃地区

完成单位：水稻研究所

完成人员：刘乃生 王桂玲 宋成艳 周雪松 鄂文顺 陆文静 潘国君

转化金额：130 万元

转化方式：许可

受让方：黑龙江绿丰源种业有限公司

合同起止时间：2019 年 4 月 30 日—2024 年 4 月 29 日

特征特性：在适应区出苗至成熟生育日数 123 天左右，需≥10℃活动积温 2150℃左右。主茎 10 片叶，株高 92 厘米左右，穗长 16.7 厘米左右，每穗粒数 86 粒左右，粒形椭圆，千粒重 26 克左右。三年品质分析结果：出糙率 82.5%，整精米率 64.1%，垩白粒率 14%，垩白度 4.6%，直链淀粉含量（干基）17.14%，胶稠度 76 毫米，食味品质 83 分，粗蛋白（干基）6.49%，达到国家《优质稻谷》标准二级。三年抗病接种鉴定结果：叶瘟 3 级，穗颈瘟 1~5 级。三年耐冷性鉴定结果：处理空壳率 4.37%~13.70%。

产量表现：生产试验平均产量 9408.1 千克。

龙粳 4298

龙粳 4298

龙粳 4556

审定编号：黑审稻 20190039

审定日期：2019 年 5 月 9 日

植物新品种权授权日期：2019 年 7 月 22 日

植物新品种权号：CNA20171537.7

适宜地区：黑龙江省≥10℃活动积温 2150℃地区

完成单位：水稻研究所

完成人员：刘乃生　王桂玲　宋成艳　周雪松　鄂文顺　陆文静　潘国君

转化金额：110 万元

转化方式：许可

受让方：黑龙江省富佳种子有限公司

合同起止时间：2019 年 4 月 30 日—2023 年 4 月 29 日

特征特性：在适应区出苗至成熟生育日数 123 天左右，需≥10℃活动积温 2150℃左右。主茎 10 片叶，株高 96 厘米左右，穗长 17 厘米左右，每穗粒数 86 粒左右，粒形椭圆，千粒重 25.8 克左右。三年品质分析结果：出糙率 83.2%，整精米率 68.9%，垩白粒率 12%，垩白度 3%，直链淀粉含量（干基）17.81%，胶稠度 74.5 毫米，食味品质 84 分，粗蛋白（干基）6.02%，达到国家《优质稻谷》标准二级。三年抗病接种鉴定结果：叶瘟 3～5 级，穗颈瘟 1～3 级。三年耐冷性鉴定结果：处理空壳率 5.02%～17.65%。

产量表现：生产试验平均产量 9619.6 千克。

绥粳 4 号

审定编号：黑审稻 1999007

审定日期：1999 年 2 月 8 日

适宜地区：黑龙江省第二积温带

完成单位：绥化分院

完成人员：李晓丰

转化金额：19 万元

转化方式：许可

受让方：黑龙江省苗氏种业有限责任公司

合同起止时间：2019 年 4 月 21 日—2020 年 4 月 21 日

特征特性：香粳品种。生育日数 134 天，较对照品种东农 416 晚 2 天，需活动积温 2540℃。幼苗生长健壮，株高 95 厘米，穗长 17.6 厘米，穗粒数 98 粒，千粒重 27.7 克，有短芒，有光泽，米质优。品质分析结果：空瘪率 5%，糙米率 84%，精米率 75.3%，整精米率 74%，胶稠度 64.2 毫米，碱消值 6.5 级，直链淀粉 14.86%，粗蛋白质 6.5%，无垩白。抗病接种鉴定结果：抗稻瘟病性好，耐寒性强，秆强抗倒，耐盐碱。

产量表现：1995—1996 年区域试验平均公顷产量 7253.4 千克，与对照品种东农 416 相当；1997—1998 年生产试验平均公顷产量 8162.4 千克，平均增产 5.9%。

绥粳 8 号

审定编号：黑审稻 2007007

审定日期：2007 年 4 月 17 日

植物新品种权授权日期：2009 年 11 月 1 日

植物新品种权号：CNA20060783.9

适宜地区：黑龙江省第二积温带

完成单位：绥化分院

完成人员：张广彬

转化金额：105 万元

转化方式：许可

受让方：黑龙江省龙科种业集团有限公司绥化分公司

合同起止时间：2016 年 1 月 5 日—2016 年 12 月 31 日

特征特性：粳稻品种。在适应区出苗至成熟生育日数 128 天左右，比对照品种龙稻 3 号早 1～2 天，需≥10℃活动积温 2350℃左右。主茎 11 片叶，株高 83 厘米左右，穗长 17 厘米左右，每穗粒数 126 粒左右，千粒重 27 克左右。品质分析结果结果：出糙率 81.1%～82.3%，整精米率 68.7%～72.4%，垩白粒率 0～2%，垩白度 0～0.2%，直链淀粉含量（干基）18.01%～20.10%，胶稠度 74.5～75.0 毫米，食味品质 76～84 分。接种鉴定结果：叶瘟 1 级，穗颈瘟 1～3 级；自然感病时，叶瘟 3 级，穗颈瘟 1～5 级。耐冷性鉴定结果：处理空壳率 9.16%～18.82%，自然空壳率 0。

产量表现：2005—2006 年区域试验平均公顷产量 8016.1 千克，较对照品种龙稻 3 号增产 12.4%；2006 年生产验平均公顷产量 8160.2 千克，较对照品种龙稻 3 号增产 12%。

绥粳 15

审定编号：黑审稻 2014024

审定日期：2014 年 2 月 20 日

植物新品种权授权日期：2017 年 9 月 1 日

植物新品种权号：CNA20131185.6

适宜地区：黑龙江省第三积温带

完成单位：绥化分院

完成人员：谢树鹏

转化金额：25 万元

转化方式：许可

受让方：黑龙江省龙科种业集团有限公司绥化分公司

合同起止时间：2016 年 1 月 5 日—2016 年 12 月 31 日

转化金额：45 万元

转化方式：许可

受让方：黑龙江省垦农种业集团有限公司

合同起止时间：2016 年 5 月 1 日—2017 年 4 月 30 日

转化金额：20 万元

转化方式：许可

受让方：黑龙江省龙科种业集团有限公司绥化分公司

合同起止时间：2018 年 1 月 1 日—2018 年 12 月 31 日

转化金额：150 万元

转化方式：许可

受让方：绥化市兴盈种业有限公司

合同起止时间：2018 年 5 月 7 日—2032 年 9 月 1 日

转化金额：80 万元

转化方式：许可

受让方：黑龙江省龙科种业集团有限公司绥化分公司

合同起止时间：2019 年 1 月 30 日—2019 年 12 月 31 日

特征特性：香稻品种。在适应区出苗至成熟生育日数 125～130 天，需≥10℃活动积温 2350℃左右。主茎 11 片叶，株高 99 厘米左右，穗长 18.5 厘米左右，每穗粒数 94 粒左右，长粒形，千粒重 26.3 克左右。两年品质分析结果：出糙率 81.6%～81.7%，整精米率 67.7%～68.1%，垩白粒率 9.5%～14.0%，垩白度 2.2%～4.5%，直链淀粉含量（干基）17.41%～17.63%，胶稠度 73.5～76.5 毫米，达到国家《优质稻谷》标准三级。三年抗病接种鉴定结果：叶瘟 1～3 级，穗颈瘟 2～3 级。三年耐冷性鉴定结果：处理空壳率 7.67%～12.4%。

　　产量表现：2011—2012 年区域试验平均公顷产量 8750.1 千克，较对照品种龙粳香 1 号增产 8.2%；2013 年生产试验平均公顷产量 7911.9 千克，较对照品种龙粳香 1 号增产 8.2%。

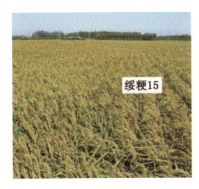

绥粳 16

审定编号：黑审稻 2014010

审定日期：2014 年 2 月 20 日

植物新品种权授权日期：2017 年 9 月 1 日

植物新品种权号：CNA20131187.4

适宜地区：黑龙江省第三积温带

完成单位：绥化分院

完成人员：谢树鹏

获奖情况：黑龙江省科学技术奖二等奖

转化金额：50 万元

转化方式：许可

受让方：黑龙江大地种业有限公司

合同起止时间：2016 年 5 月 1 日—2017 年 4 月 30 日

转化金额：60 万元

转化方式：许可

受让方：张孚

合同起止时间：2017 年 1 月 1 日—2018 年 4 月 30 日

特征特性：在适应区出苗至成熟生育日数 134 天左右，需≥10℃活动积温 2450℃左右。主茎 12 片叶，株高 94 厘米左右，穗长 16.4 厘米左右，每穗粒数 95 粒左右，长粒形，千粒重 25.8 克左右。两年品质分析结果：出糙率 81.6%～81.7%，整精米率 65.0%～70.3%，垩白粒率 3.5%，垩白度 1.0%～1.4%，直链淀粉含量（干基）17.32%～17.73%，胶稠度 74～75 毫米，达到国家《优质稻谷》标准二级。三年抗病接种鉴定结果：叶瘟 0～5 级，穗颈瘟 0～3 级。三年耐冷性鉴定结果：处理空壳率 5.11%～9.40%。

产量表现：2011—2012 年区域试验平均公顷产量 8694.8 千克，较对照品种龙粳 21 增产 8.9%；2013 年生产试验平均公顷产量 8526.9 千克，较对照品种龙粳 21 增产 8.7%。

绥粳 17

审定编号：黑审稻 2014008

审定日期：2014 年 2 月 20 日

植物新品种权授权日期：2017 年 9 月 1 日

植物新品种权号：CNA20131297.1

适宜地区：黑龙江省第三积温带

完成单位：绥化分院

完成人员：宋福金

转化金额：70 万元

转化方式：许可

受让方：黑龙江省龙科种业集团有限公司绥化分公司

合同起止时间：2016 年 1 月 5 日—2016 年 12 月 31 日

转化金额：9.4 万元

转化方式：许可

受让方：黑龙江省龙科种业集团有限公司绥化分公司

合同起止时间：2017 年 1 月 1 日—2017 年 12 月 31 日

转化金额：35 万元

转化方式：许可

受让方：黑龙江省龙科种业集团有限公司绥化分公司

合同起止时间：2018 年 1 月 1 日—2018 年 12 月 31 日

转化金额：150 万元

转化方式：许可

受让方：绥化市福地种子生产有限公司

合同起止时间：2018 年 5 月 1 日至品种权终止

特征特性：在适应区出苗至成熟生育日数 134 天左右，需≥10℃活动积温 2450℃左右。主茎 12 片叶，株高 93 厘米左右，穗长 17.7 厘米左右，每穗粒数 97 粒左右，长粒形，千粒重 26.6 克左右。两年品质分析结果：出糙率 81.4%～81.6%，整精米率 64.7%～66.5%，垩白粒率 2.5%～5.5%，垩白度 0.9%～1.2%，直链淀粉含量（干基）17.52%～17.96%，胶稠度

71.5～75.0 毫米，达到国家《优质稻谷》标准二级。三年抗病接种鉴定结果：叶瘟 1～3 级，穗颈瘟 1～3 级。三年耐冷性鉴定结果：处理空壳率 9.76%～11.63%。

产量表现：2011—2012 年区域试验平均公顷产量 8766.8 千克，较对照品种龙粳 21 增产 10.4%；2013 年生产试验平均公顷产量 8434.4 千克，较对照品种龙粳 21 增产 7.3%。

绥粳 18

审定编号：黑审稻 2014021

审定日期：2014 年 2 月 20 日

植物新品种权授权日期：2018 年 1 月 2 日

植物新品种权号：CNA20131182.9

适宜地区：黑龙江省第二积温带

完成单位：绥化分院

完成人员：聂守军

转化金额：150 万元

转化方式：许可

受让方：绥化市盛昌种子繁育有限责任公司

合同起止时间：2016 年 2 月 9 日—2016 年 12 月 31 日

转化金额：150 万元

转化方式：许可

受让方：绥化市盛昌种子繁育有限责任公司

合同起止时间：2017 年 1 月 1 日—2018 年 1 月 1 日

转化金额：120 万元

转化方式：许可

受让方：黑龙江省龙科种业集团有限公司绥化分公司

合同起止时间：2017 年 1 月 1 日—2017 年 12 月 31 日

转化金额：205 万元

转化方式：许可

受让方：黑龙江省龙科种业集团有限公司绥化分公司

合同起止时间：2018 年 1 月 1 日—2018 年 12 月 31 日

转化金额：150 万元

转化方式：许可

受让方：绥化市盛昌种子繁育有限责任公司

合同起止时间：2018 年 5 月 8 日—2019 年 1 月 1 日

转化金额：3000 万元

转化方式：许可

受让方：绥化市盛昌种子繁育有限责任公司

合同起止时间：2019 年 5 月 1 日—2024 年 4 月 30 日

转化金额：180 万元

转化方式：许可

受让方：黑龙江省龙科种业集团有限公司绥化分公司

合同起止时间：2019 年 1 月 30 日—2019 年 12 月 31 日

特征特性： 香稻品种。在适应区出苗至成熟生育日数 134 天左右，需≥10℃活动积温 2450℃左右。主茎 12 片叶，株高 104 厘米左右，穗长 18.1 厘米左右，每穗粒数 109 粒左右，长粒形，千粒重 26 克左右。三年品质分析结果：出糙率 80.9%～82.2%，整精米率 67.2%～72.3%，垩白粒率 4%～10%，垩白度 0.8%～2.6%，直链淀粉含量（干基）17.67%～19.11%，胶稠度 70～73 毫米，达到国家《优质稻谷》标准二级。三年抗病接种鉴定结果：叶瘟 1～3 级，穗颈瘟 1 级。三年耐冷性鉴定结果：处理空壳率 4.94%～8.59%。

产量表现： 2011—2012 年区域试验平均公顷产量 8458 千克；2013 年生产试验平均公顷产量 7987.1 千克。

绥粳 19

审定编号：黑审稻 2015007

审定日期：2015 年 5 月 14 日

植物新品种权授权日期：2017 年 9 月 1 日

植物新品种权号：CNA20140518.5

适宜地区：黑龙江省第二积温带

完成单位：绥化分院

完成人员：宋福金

转化金额：90 万元

转化方式：许可

受让方：黑龙江省科育种业有限公司

合同起止时间：2016 年 1 月 13 日—2016 年 12 月 31 日

转化金额：60 万元

转化方式：许可

受让方：黑龙江省道米香种业有限公司

合同起止时间：2019 年 5 月 1 日至植物新品种权终止

品种来源：以越光为母本、绥 02-1032 为父本杂交，系谱法选育而成。

特征特性：主茎 12 片叶，株高 96.7 厘米左右，穗长 17 厘米左右，每穗粒数 94 粒左右，长粒形，千粒重 26.6 克左右。品质分析结果：出糙率 81.2%～81.3%，整精米率 61.3%～67.6%，垩白粒率 3.0%～4.5%，垩白度 0.7%～2.6%，直链淀粉含量（干基）17.55%～18.27%，胶稠度 70～79 毫米，食味品质 76～85 分，达到国家《优质稻谷》标准二级。

绥粳 20

审定编号：黑审稻 2017032

审定日期：2017 年 5 月 31 日

植物新品种权授权日期：2018 年 11 月 8 日

植物新品种权号：CNA20150114.2

适宜地区：黑龙江省第二积温带

完成单位：绥化分院

完成人员：聂守军

转化金额：60 万元

转化方式：许可

受让方：齐齐哈尔市富尔农艺有限公司

合同起止时间：2017 年 5 月 9 日—2022 年 5 月 9 日

特征特性：糯稻品种。在适应区出苗至成熟生育日数 138 天左右，需≥10℃活动积温 2550℃左右。主茎 13 片叶，株高 99.5 厘米左右，穗长 18.1 厘米左右，每穗粒数 100 粒左右，粒形椭圆，千粒重 26.7 克左右。两年品质分析结果：出糙率 80.0%～80.6%，整精米率 69.0%～70.5%，直链淀粉含量（干基）0～0.68%，胶稠度 100 毫米，达到国家《优质稻谷》糯稻标准。三年抗病接种鉴定结果：叶瘟 0～2 级，穗颈瘟 0～1 级。三年耐冷性鉴定结果：处理空壳率 6.42%～22.11%。

产量表现：2014—2015 年区域试验平均公顷产量 8872.5 千克，较对照品种龙稻 8 号增产 8.9%；2016 年生产试验平均公顷产量 8678.9 千克，较对照品种龙稻 8 号增产 10.7%。

绥粳 21

审定编号：黑审稻 2017014

审定日期：2017 年 5 月 31 日

植物新品种权授权日期：2018 年 11 月 8 日

植物新品种权号：CNA20150113.3

适宜地区：黑龙江省第二积温带

完成单位：绥化分院

完成人员：聂守军

转化金额：150 万元

转化方式：许可

受让方：绥化市盛昌种子繁育有限责任公司

合同起止时间：2017 年 5 月 9 日至植物新品种权终止

转化金额：240 万元

转化方式：许可

受让方：黑龙江省绥化市盛昌种子繁育有限责任公司

合同起止时间：2020 年 5 月 1 日—2025 年 4 月 30 日

特征特性：普通水稻品种。在适应区出苗至成熟生育日数 135 天左右，需≥10℃活动积温 2480℃左右。主茎 12 片叶，株高 97.1 厘米左右，穗长 17 厘米左右，每穗粒数 106 粒左右，长粒形，千粒重 24.9 克左右。两年品质分析结果：出糙率 80%～81%，整精米率 69.5%～70.2%，垩白粒率 5%，垩白度 0.9%～2.1%，直链淀粉含量（干基）18.24%～18.30%，胶稠度 76.5～79.0 毫米，食味品质 80～81 分，达到国家《优质稻谷》标准二级。三年抗病接种鉴定结果：叶瘟 0～3 级，穗颈瘟 1～3 级。三年耐冷性鉴定结果：处理空壳率 7.84%～20.94%。

产量表现：2014—2015 年区域试验平均公顷产量 8811.7 千克，较对照品种龙粳 21 增产 10.1%；2016 年生产试验平均公顷产量 9108.9 千克，较对照品种龙粳 21 增产 11.5%。

绥粳 22

审定编号：黑审稻 2017012

审定日期：2017 年 5 月 31 日

植物新品种权授权日期：2019 年 7 月 22 日

植物新品种权号：CNA20151002.5

适宜地区：黑龙江省第三积温带

完成单位：绥化分院

完成人员：张广彬

转化金额：140 万元

转化方式：许可

受让方：绥化市盛昌种子繁育有限责任公司

合同起止时间：2017 年 5 月 9 日至植物新品种权终止

转化金额：202.9 万元

转化方式：许可

受让方：黑龙江省绥化市盛昌种子繁育有限责任公司

合同起止时间：2020 年 5 月 12 日—2021 年 5 月 11 日

特征特性：普通水稻品种。在适应区出苗至成熟生育日数 134 天左右，需≥10℃活动积温 2450℃左右。主茎 12 片叶，株高 94.0 厘米左右，穗长 16.8 厘米左右，每穗粒数 109 粒左右，长粒形，千粒重 26.8 克左右。两年品质分析结果：出糙率 80.4%～80.7%，整精米率 66.3%～69.8%，垩白粒率 5.0%～15.5%，垩白度 1.3%～2.9%，直链淀粉含量（干基）16.99%～18.94%，胶稠度 73.5～79.5 毫米，食味品质 80 分，达到国家《优质稻谷》标准二级。三年抗病接种鉴定结果：叶瘟 1～4 级，穗颈瘟 3～5 级。三年耐冷性鉴定结果：处理空壳率 8.13%～16.92%。

产量表现：2014—2015 年区域试验平均公顷产量 8889.8 千克，较对照品种龙粳 21 增产 11%；2016 年生产试验平均公顷产量 9011.8 千克，较对照品种龙粳 21 增产 10.3%。

绥粳 23

审定编号：黑审稻 2018016

审定日期：2018 年 4 月 25 日

植物新品种权授权日期：2018 年 11 月 8 日

植物新品种权号：CNA20170313.9

适宜地区：黑龙江省第三积温带

完成单位：绥化分院

完成人员：魏中华

转化金额：40 万元

转化方式：许可

受让方：黑龙江大棚农业有限公司

合同起止时间：2018 年 5 月 1 日—2028 年 4 月 30 日

特征特性：普通粳稻品种。在适应区出苗至成熟生育日数 134 天左右，需≥10℃活动积温 2450℃左右。主茎 12 片叶，长粒形，株高 92.4 厘米左右，穗长 17.7 厘米左右，每穗粒数 106 粒左右，千粒重 27.5 克左右。三年品质分析结果：出糙率 80.4%，整精米率 64.6%，垩白粒率 16.5%，垩白度 2.6%，直链淀粉含量（干基）17.94%，胶稠度 73 毫米，食味品质 81 分，达到国家《优质稻谷》标准二级。三年抗病接种鉴定结果：叶瘟 1～3 级，穗颈瘟 3 级。三年耐冷性鉴定结果：处理空壳率 4.28%～16.54%。

产量表现：2015—2016 年区域试验平均公顷产量 9003.2 千克，较对照品种龙粳 21 增产 11%；2017 年生产试验平均公顷产量 8682.3 千克，较对照品种龙粳 21 增产 11%。

绥粳 25

审定编号：黑审稻 2018029

审定日期：2018 年 4 月 25 日

植物新品种权授权日期：2018 年 11 月 8 日

植物新品种权号：CNA20170114.0

适宜地区：黑龙江省第二积温带

完成单位：绥化分院

完成人员：张广彬

转化金额：200 万元

转化方式：许可

受让方：齐齐哈尔市富尔农艺有限公司

合同起止时间：2018 年 4 月 30 日至品种权终止

特征特性：普通粳稻品种。在适应区出苗至成熟生育日数 126 天左右，需≥10℃活动积温 2340℃左右。主茎 11 片叶，株高 87 厘米左右，穗长 18 厘米左右，每穗平均粒数 130 粒左右，最大粒数 180 粒以上，圆粒形，千粒重 27.1 克左右。三年品质分析结果：出糙率 83.1%，整精米率 71.1%，直链淀粉含量（干基）18.74%，胶稠度 77 毫米，食味品质 83 分，达到国家《优质稻谷》标准二级。三年抗病接种鉴定结果：叶瘟 0～3 级，穗颈瘟 0～3 级。三年耐冷性鉴定结果：处理空壳率 3.50%～7.62%。

产量表现：2015—2016 年区域试验平均公顷产量 9211.6 千克，较对照品种龙粳 31 增产 7%；2017 年生产试验平均公顷产量 8993.1 千克，较对照品种龙粳 29 增产 6.1%。

 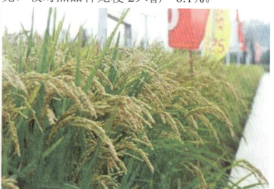

绥粳 26

审定编号：黑审稻 2018015

审定日期：2018 年 4 月 25 日

植物新品种权授权日期：2018 年 11 月 8 日

植物新品种权号：CNA20170113.1

适宜地区：黑龙江省第三积温带

完成单位：绥化分院

完成人员：张广彬

转化金额：200 万元

转化方式：许可

受让方：齐齐哈尔市富尔农艺有限公司

合同起止时间：2018 年 4 月 30 日至品种权终止

特征特性：普通粳稻品种。在适应区出苗至成熟生育日数 132 天左右，需≥10℃活动积温 2400℃左右。主茎 12 片叶，株高 95.4 厘米左右，穗长 18 厘米左右，每穗粒数 110 粒左右，长粒形，千粒重 24.8 克左右。三年品质分析结果：出糙率 83.2%，整精米率 70.1%，垩白粒率 6.0%，垩白度 1.1%，直链淀粉含量（干基）15.61%，胶稠度 79.5 毫米，食味品质 82 分，达到国家《优质稻谷》标准二级。三年抗病接种鉴定结果：叶瘟 0～2 级，穗颈瘟 0～1 级。三年耐冷性鉴定结果：处理空壳率 7.83%～11.15%。

产量表现：2015—2016 年区域试验平均公顷产量 8781.3 千克，较对照品种龙粳 21 增产 8.4%；2017 年生产试验平均公顷产量 8616.6 千克，较对照品种龙粳 21 增产 10%。

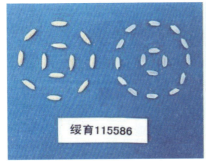

绥粳 28

审定编号：黑审稻 2018017

审定日期：2018 年 4 月 25 日

植物新品种权授权日期：2018 年 11 月 8 日

植物新品种权号：CNA20150115.1

适宜地区：黑龙江省第三积温带

完成单位：绥化分院

完成人员：聂守军

转化金额：300 万元

转化方式：许可

受让方：绥化市盛昌种子繁育有限责任公司

合同起止时间：2018 年 5 月 7 日至品种权终止

转化金额：60 万元

转化方式：许可

受让方：绥化市盛昌种子繁育有限责任公司

合同起止时间：2020 年 5 月 1 日至品种退出市场

特征特性：香稻品种。在适应区出苗至成熟生育日数 134 天左右，需≥10℃活动积温 2450℃左右。主茎 12 片叶，株高 99.4 厘米，穗长 17.3 厘米，每穗粒数 94 粒，长粒形，千粒重 27.8 克。三年品质分析结果：出糙率 81.2%，整精米率 69.7%，垩白粒率 5.5%，垩白度 0.8%，直链淀粉含量（干基）17.54%，胶稠度 72 毫米，食味品质 85 分，达到国家《优质稻谷》标准二级。三年抗病接种鉴定结果：叶瘟 1 级，穗颈瘟 0～1 级。三年耐冷性鉴定结果：处理空壳率 7.88%～11.40%。

产量表现：2015—2016 年区域试验平均公顷产量 8879 千克，较对照品种龙粳 21 增产 9%；2017 年生产试验平均公顷产量 8466.3 千克，较对照品种龙粳 21 增产 7.8%。

绥粳 29

审定编号：黑审稻 2018010

审定日期：2018 年 4 月 25 日

植物新品种权授权日期：2018 年 11 月 8 日

植物新品种权号：CNA20170118.6

适宜地区：黑龙江省第二积温带

完成单位：绥化分院

完成人员：张广彬

转化金额：150 万元

转化方式：许可

受让方：绥化市兴盈种业有限公司

合同起止时间：2018 年 5 月 7 日至品种权终止

特征特性：普通粳稻品种。在适应区出苗至成熟生育日数 132 天左右，需≥10℃活动积温 2500℃左右。主茎 12 片叶，株高 100.3 厘米左右，穗长 18.4 厘米左右，每穗粒数 94 粒左右，长粒形，千粒重 27 克左右。三年品质分析结果：出糙率 81.4%，整精米率 66.8%，垩白粒率 11.5%，垩白度 1.8%，直链淀粉含量（干基）17.58%，胶稠度 74.5 毫米，食味品质 82 分，达到国家《优质稻谷》标准二级。三年抗病接种鉴定结果：叶瘟 0～2 级，穗颈瘟 0～3 级。三年耐冷性鉴定结果：处理空壳率 7.17%～22.20%。

产量表现：2015—2016 年区域试验平均公顷产量 9180 千克，较对照品种龙稻 5 号增产 10.9%；2017 年生产试验平均公顷产量 8735.4 千克，较对照品种龙稻 5 号增产 9.9%。

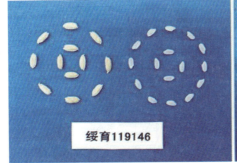

绥育 108002

审定编号：黑审稻 2018027

审定日期：2018 年 4 月 25 日

植物新品种权授权日期：2019 年 1 月 31 日

植物新品种权号：CNA20151001.6

适宜地区：黑龙江省第二积温带

完成单位：绥化分院

完成人员：张广彬

转化金额：50 万元

转化方式：许可

受让方：绥化市盛昌种子繁育有限责任公司

合同起止时间：2018 年 5 月 7 日至品种权终止

特征特性：香稻品种。主茎 11 片叶，株高 94.4 厘米左右，穗长 16.9 厘米左右，每穗粒数 84 粒左右，长粒形，千粒重 26.7 克左右。两年品质分析结果：出糙率 80.6%～81.7%，整精米率 65.3%～68.3%，垩白粒率 10.0%～13.5%，垩白度 1.7%～2.6%，直链淀粉含量（干基）16.63%～17.40%，胶稠度 71.0～75.5 毫米，食味品质 80～81 分，达到国家《优质稻谷》标准二级。三年抗病接种鉴定结果：叶瘟 3～5 级，穗颈瘟 3～5 级。三年耐冷性鉴定结果：处理空壳率 20.2%～21.4%。

产量表现：2014—2015 年区域试验平均公顷产量 8741 千克，较对照品种龙粳 20 增产6.3%；2016—2017 年生产试验平均公顷产量 9261.5 千克，较对照品种龙粳 46 增产 7.1%。

绥育 117463

审定编号：黑审稻 20190013

审定日期：2019 年 5 月 9 日

植物新品种权授权日期：2019 年 7 月 22 日

植物新品种权号：CNA20170115.9（公告号：CNA017531E）

适宜地区：黑龙江省≥10℃活动积温 2500℃区域（预计每年推广 30 万亩左右）

完成单位：绥化分院

完成人员：张广彬

转化金额：110 万元

转化方式：许可

受让方：黑龙江省巨基农业科技开发有限公司

合同起止时间：2019 年 5 月 5 日—2024 年 4 月 30 日

品种来源：以绥粳 4 号为母本、松 98-131 为父本杂交，系谱法选育而成。

特征特性：香稻品种。主茎 12 片叶，株高 103 厘米左右，穗长 18.5 厘米左右，每穗粒数 96 粒左右，长粒形，千粒重 26.7 克左右。三年品质分析结果：出糙率 79.5%，整精米率 65.2%，垩白粒率 11.5%，垩白度 2.5%，直链淀粉含量（干基）18.67%，胶稠度 78.5 毫米，食味品质 85 分，粗蛋白（干基）18.67%，达到国家《优质稻谷》标准二级。三年抗病接种鉴定结果：叶瘟 0～1 级，穗颈瘟 1～3 级。三年耐冷性鉴定结果：处理空壳率 8.17%～18.40%。

产量表现：2016—2017 年区域试验平均公顷产量 8969 千克，较对照品种龙稻 5 号增产 7.7%；2018 年生产试验平均公顷产量 8058.5 千克，较对照品种龙稻 5 号增产 6.9%。

绥 118146

审定编号：黑审稻 20190021

审定日期：2019 年 5 月 9 日

植物新品种权授权日期：2019 年 7 月 22 日

植物新品种权号：CNA20170117.7（公告号：CNA017234E）

适宜地区：黑龙江省≥10℃活动积温 2400℃区域（预计每年推广 30 万亩左右）

完成单位：绥化分院

完成人员：张广彬

转化金额：200 万元

转化方式：许可

受让方：齐齐哈尔富尔农艺有限公司

合同起止时间：2019 年 5 月 5 日—2024 年 4 月 30 日

品种来源：以绥粳 4 号为母本、绥粳 112 为父本杂交，系谱法选育而成。

特征特性：香稻品种。主茎 12 片叶，株高 97 厘米左右，穗长 17.1 厘米左右，每穗粒数 104 粒左右，长粒形，千粒重 25.5 克左右。三年品质分析结果：出糙率 81.8%，整精米率 71.6%，垩白粒率 10%，垩白度 2.5%，直链淀粉含量（干基）18.66%，胶稠度 77 毫米，食味品质 80 分，达到国家《优质稻谷》标准二级。三年抗病接种鉴定结果：叶瘟 0～3 级，穗颈瘟 3～5 级。三年耐冷性鉴定结果：处理空壳率 7.77%～13.58%。

产量表现：2016—2017 年区域试验平均公顷产量 8764.2 千克，较对照品种龙粳 21 增产8.5%；2018 年生产试验平均公顷产量 8150.6 千克，较对照品种龙粳 21 增产 5.6%。

绥 129287

审定编号：黑审稻 20190016

审定日期：2019 年 5 月 9 日

植物新品种权授权日期：2018 年 11 月 8 日

植物新品种权号：CNA20150221.2

适宜地区：黑龙江省第二积温带

完成单位：绥化分院

完成人员：张广彬

转化金额：50 万元

转化方式：许可

受让方：黑龙江省巨基农业科技开发有限公司

合同起止时间：2019 年 5 月 5 日—2024 年 4 月 30 日

品种来源：以绥粳 9 号为母本、上育 397/莎莎妮为父本杂交，系谱法选育而成。

特征特性：主茎 12 片叶，株高 91.3 厘米左右，穗长 17.4 厘米左右，每穗粒数 101 粒左右，圆粒形，千粒重 25 克左右。三年品质分析结果：出糙率 83.9%，整精米率 72.1%，垩白粒率 2%，垩白度 1.4%，直链淀粉含量（干基）16.21%，胶稠度 74 毫米，食味品质 83 分，品质达到国家《大米》标准二级。三年抗病接种鉴定结果：叶瘟 0～3 级，穗颈瘟 3 级，区域试验和生产试验田间基本不发病，抗倒性强，田间表现结实率高，抗稻瘟病。三年耐冷性鉴定结果：处理空壳率 9.34%～18.90%。

产量表现：2016 年省水稻区域试验 9 点次平均公顷产量 8860.2 千克，比对照品种龙粳 21 增产 8.3%；2017 年省水稻区域试验 10 点次平均公顷产量 8593.5 千克，比对照品种龙粳 21 增产 7.7%；二年区域试验加权平均公顷产量 8719.8 千克，比对照品种龙粳 21 平均增产 8%。2018 年省水稻生产试验 10 点次平均公顷产量 8228.7 千克，比对照品种龙粳 21 平均增产 6.5%。

黑粳 9 号

审定编号：黑审稻 2018034

审定日期：2018 年 4 月 25 日

植物新品种权授权日期：2019 年 1 月 31 日

植物新品种权号：CNA20173697.9

适宜地区：黑龙江省第四积温带

完成单位：黑河分院

完成人员：杨秀峰 商全玉

转化金额：235 万元

转化方式：许可

受让方：齐齐哈尔市富尔农艺有限公司

合同起止时间：2018 年 5 月 25 日—2023 年 4 月 30 日

特征特性：普通粳稻品种。在适应区出苗至成熟生育日数 120 天左右，需≥10℃活动积温 2100℃左右。主茎 9 片叶，株高 100.3 厘米左右，穗长 18.2 厘米左右，每穗粒数 109.6 粒左右，长粒形，千粒重 26.4 克左右。三年品质分析结果：出糙率 83.7%，整精米率 72.7%，垩白粒率 10%，垩白度 1.8%，直链淀粉含量（干基）17.05%，胶稠度 71 毫米，食味品质 80 分，达到国家《优质稻谷》标准二级。三年抗病接种鉴定结果：叶瘟 4～7 级，穗颈瘟 5 级。三年耐冷性鉴定结果：处理空壳率 6.98%～11.20%。

产量表现：2015—2016 年区域试验平均公顷产量 8314.3 千克，较对照品种三江 1 号和黑粳 10 号增产 7.8%；2017 年生产试验平均公顷产量 8886.6 千克，较对照品种黑粳 10 号增产 8.3%。

黑粳 10 号

审定编号：黑审稻 2016016

审定日期：2016 年 5 月 16 日

适宜地区：黑龙江省第五积温带

完成单位：黑河分院

完成人员：杨秀峰　商全玉　吕国依　王万霞　梁吉利　张立军

转化金额：100 万元

转化方式：许可

受让方：齐齐哈尔市富尔农艺有限公司

合同起止时间：2016 年 7 月 7 日—2031 年 12 月 31 日

特征特性：粳稻品种。主茎 11 片叶，分蘖力较强，活秆成熟，无倒伏发生，田间生长整齐一致，耐冷性强，米质优，综合性状优良。两年品质分析结果：出糙率 81.5%～82.5%，整精米率 70.5%～71.8%，垩白粒率 7%～8%，垩白度 0.9%，直链淀粉含量（干基）17.12%～18.77%，胶稠度 72.5～77.5 毫米，食味品质 78～84 分，达到国家《优质稻谷》标准二级。两年抗病接种鉴定结果：抗稻瘟病。

产量表现：2013—2014 年区域试验平均公顷产量 8980.2 千克，较对照品种三江 1 号增产 6%；2015 年生产试验平均公顷产量 9060.6 千克，较对照品种三江 1 号增产 7.2%。

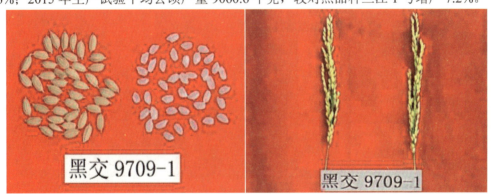

黑粳 1518

审定编号：黑审稻 20190045

审定日期：2019 年 5 月 9 日

植物新品种权授权日期：2020 年 12 月 31 日

植物新品种权号：CNA20191003253

适宜地区：黑龙江省第五积温带

完成单位：黑河分院

完成人员：杨秀峰 商全玉

转化金额：40 万元

转化方式：许可

受让方：佳木斯鸿发种业有限公司

合同起止时间：2020 年 11 月 10 日—2026 年 5 月 31 日

特征特性：普通水稻品种。在适应区出苗至成熟生育日数 120 天左右，需≥10℃活动积温 2100℃左右。主茎 9 片叶，株高 89.1 厘米左右，穗长 15.7 厘米左右，每穗粒数 87.9 粒左右，粒形椭圆，千粒重 26 克左右。

产量表现：2016—2017 年区域试验平均公顷产量 8622.4 千克，较对照品种黑粳 10 号增产 8.6%；2018 年生产试验平均公顷产量 9293.3 千克，较对照品种黑粳 10 号增产 6.6%。

牡丹江 28

审定编号：黑审稻 2006006

审定日期：2006 年 2 月 15 日

适宜地区：黑龙江省第二积温带

完成单位：牡丹江分院

完成人员：柴永山 孙玉友 魏才强 李洪亮 解忠 张巍巍 刘丹 程杜娟 姜龙

获奖情况：黑龙江省科学技术奖二等奖

转化金额：1210 万元

转化方式：许可

受让方：黑龙江省科育种业有限公司

合同起止时间：2015 年 1 月 1 日—2026 年 5 月 31 日

特征特性：普通粳稻。在适应区从出苗到成熟生育日数 137 天，需≥10℃活动积温 2500℃。株高 93.7 厘米，穗长 17.1 厘米，每穗粒数 91.9 粒，千粒重 24.9 克。品质分析结果：糙米率 82.4%～84.1%，精米率 74.1%～75.7%，整精米率 60.9%～74.7%，长宽比为 1.7，垩白大小 4.1%～7.1%，垩白粒率 7.0%～7.1%，垩白度 0.1%～0.3%，碱消值 7.0 级，胶稠度 60.0～82.5 毫米，直链淀粉含量 18.4%～19.7%，粗蛋白 6.7%～8.4%，食味品质 83～87 分。

产量表现：2003—2004 年区域试验平均公顷产量 7809.6 千克，较对照品种东农 416 平均增产 5%；2005 年生产试验平均公顷产量 7640.7 千克，较对照品种东农 416 平均增产 7.1%。

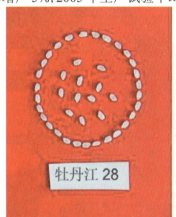

牡丹江 35

审定编号： 黑审稻 2016006

审定日期： 2016 年 5 月 16 日

适宜地区： 黑龙江省第二积温带

完成单位： 牡丹江分院

完成人员： 柴永山 孙玉友 魏才强 李洪亮 解忠 张巍巍 刘丹 程杜娟 姜龙

获奖情况： 黑龙江省科学技术奖二等奖

转化金额： 1210 万元

转化方式： 许可

受让方： 黑龙江省科育种业有限公司

合同起止时间： 2015 年 1 月 1 日—2026 年 5 月 31 日

特征特性： 普通粳稻品种。在适应区出苗至成熟生育日数 133 天左右，需≥10℃活动积温 2450℃左右。主茎 12 片叶，株高 95.9 厘米左右，穗长 17.4 厘米左右，每穗粒数 93 粒左右，粒长形，千粒重 27 克左右。品质分析结果：出糖率 80.2%～80.4%，整精米率 64.9%～69.5%，垩白粒率 6.0%～8.5%，垩白度 1.6%～2.2%，直链淀粉含量（干基）17.22%～17.40%，胶稠度 72.5 毫米，食味品质 84～86 分，达到国家《优质稻谷》标准二级。

产量表现： 2013—2014 年区域试验平均公顷产量 8461 千克，较对照品种龙粳 21 增产 6.9%；2015 年生产试验平均公顷产量 9049 千克，较对照品种龙粳 21 增产达 9.8%。

上育 397

审定编号：黑审稻 2005009

审定日期：2005 年 3 月 10 日

适宜地区：黑龙江省第三积温带

完成单位：牡丹江分院

完成人员：柴永山　孙玉友　姜龙等

转化金额：40 万元

转化方式：许可

受让方：虎林市兴农种子有限责任公司

合同起止时间：2016 年 2 月 29 日

品种来源：日本引入品种（2005 年通过黑龙江省水稻品种审定委员会认定）。

特征特性：在适应区从出苗至成熟生育日数 133 天，需≥10℃活动积温 2350～2400℃。株高 85 厘米，穗长 16 厘米，每穗粒数 80 粒，千粒重 26 克，粒长 5.1～5.4 毫米，粒宽 3.0～3.1 毫米。品质分析结果：糙米率 82.8%～84.1%，精米率 74.5%～75.7%，整精米率 68.6%～74.7%，粒长宽比（1.7～1.8）：1，垩白大小 4.1%～8.9%，垩白粒率 7%～10.5%，垩白度 0.3%～0.8%，直链淀粉（占干重）16.61%～19.03%，胶稠度 72.5～82.5 毫米，碱消值 7 级，粗蛋白质 6.93%～7.42%，食味品质 86～87 分。

产量表现：2001—2003 年产量鉴定试验平均公顷产量 7631 千克，较对照品种合江 19 增产 8.3%；2004 年产量对比试验平均公顷产量 8022.5 千克，较对照品种合江 19 增产 8%。

牡育稻 42

审定编号：黑审稻 20190015

审定日期：2019 年 5 月 9 日

植物新品种权授权日期：2020 年 12 月 31 日

植物新品种权号：CNA20160707.4

适宜地区：黑龙江省第二积温带

完成单位：牡丹江分院

完成人员：孙玉友 魏才强 柴永山 李洪亮 解忠 刘丹 程杜娟 姜龙 曲金玲

转化金额：50 万元

转化方式：许可

受让方：佳木斯鑫然农业科技有限公司

合同起止时间：2020 年 4 月 21 日—2023 年 4 月 21 日

特征特性：普通粳稻品种。在适应区出苗至成熟生育日数 134 天左右，需≥10℃活动积温 2450℃左右。主茎 12 片叶，株高 89 厘米左右，穗长 19.4 厘米左右，每穗粒数 113.9 粒左右，长粒形，千粒重 27.2 克左右。品质分析结果：出糙率 82.7%，整精米率 72.1%，垩白粒率 9.0%，垩白度 2.3%，直链淀粉含量（干基）17.64%，胶稠度 78 毫米，食味品质 80 分，粗蛋白（干基）7.79%，达到国家《优质稻谷》标准二级。

产量表现：2016—2017 年区域试验平均公顷产量 8859.3 千克，较对照品种龙粳 21 增产 9.7%；2018 年生产试验平均公顷产量 8339 千克，较对照品种龙粳 21 增产 8.4%。

齐粳 2 号

审定编号：黑审稻 20190012

审定日期：2019 年 5 月 9 日

植物新品种权授权日期：2019 年 7 月 22 日

植物新品种权号：CNA20170335.3

适宜地区：黑龙江省≥10℃活动积温 2525℃区域

完成单位：齐齐哈尔分院

完成人员：刘传增 马波 胡继芳 谭可菲 赵富阳

转化金额：120 万元

转化方式：许可

受让方：五常市耕耘者农业科技有限公司

合同起止时间：2019 年 10 月 10 日至品种权终止

特征特性：粳稻品种。在适应区出苗至成熟生育日数 137 天左右，需≥10℃活动积温 2525℃左右。主茎 12 片叶，长粒形，株高 93 厘米左右，穗长 17.4 厘米左右，每穗粒数 103 粒左右，千粒重 26.5 克左右。品质分析结果：出糙率 82%，整精米率 72.5%，垩白粒率 8.5%，垩白度 1.9%，直链淀粉含量（干基）17.33%，胶稠度 77 毫米，食味品质 85 分，粗蛋白（干基）7.78%，达到国家《优质稻谷》标准二级。抗病接种鉴定结果：叶瘟 1 级，穗颈瘟 1～5 级。耐冷性鉴定结果：处理空壳率 14.45%～28.89%。

产量表现：2016—2017 年区域试验平均公顷产量 9012.8 千克，较对照品种龙稻 5 号增产 8.2%；2018 年生产试验平均公顷产量 8070 千克，较对照品种龙稻 5 号增产 7.6%。

齐粳 10 号

审定编号： 黑审稻 20190053

审定日期： 2019 年 5 月 9 日

适宜地区： 黑龙江省≥10℃活动积温 2500℃区域

完成单位： 齐齐哈尔分院

完成人员： 王俊河 刘传增 马波 胡继芳 谭可菲 赵富阳 李守哲

转化金额： 30 万元

转化方式： 许可

受让方： 五常市耕耘者农业科技有限公司

合同起止时间： 2019 年 10 月 10 日至品种权终止

特征特性： 香稻品种。在适应区出苗至成熟生育日数 136 天左右，需≥10℃活动积温 2500℃左右。主茎 12 片叶，株高 95 厘米左右，穗长 21.5 厘米左右，每穗粒数 106 粒左右，长粒形，千粒重 27.1 克左右。品质分析结果：出糙率 79.9%，整精米率 61.4%，垩白粒率 7.5%，垩白度 1.4%，直链淀粉含量（干基）17.54%，胶稠度 81.25 毫米，食味品质 88 分，粗蛋白（干基）7%，达到国家《优质稻谷》标准二级。抗病接种鉴定结果：叶瘟 1～2 级，穗颈瘟 3 级。耐冷性鉴定结果：处理空壳率 10.20%～10.47%。

产量表现： 2017—2018 年区域试验平均公顷产量 7952.3 千克，较对照品种龙粳 21 增产 5.1%；2018 年生产试验平均公顷产量 8443.9 千克，较对照品种龙粳 21 增产 3.8%。

松粳 9 号

审定编号：黑审稻 2005004

审定日期：2005 年 3 月 10 日

植物新品种权授权日期：2008 年 9 月 1 日

植物新品种权号：CNA20050222.0

适宜地区：黑龙江省第一积温带（五常、肇源、泰来等地）

完成单位：生物技术研究所

完成人员：闫平 牟凤臣 张广柱 周劲松 武洪涛 张君 郑福余 陶永庆 刘会

获奖情况：黑龙江省科技进步二等奖

转化金额：40 万元

转化方式：大田用种独占许可

受让方：黑龙江方圆农业有限责任公司

合同起止时间：2017 年 3 月 23 日—2022 年 3 月 22 日

特征特性：在适应区出苗至成熟生育日数 142 天，需≥10℃活动积温 2650～2700℃。株型收敛，株高 95～100 厘米，叶色深绿，活秆成熟，秆强抗倒，分蘖能力中上。穗长 20 厘米，每穗粒数 120 粒，粒细长，稀有芒，粒长 5.3 毫米，粒宽 2.7 毫米，千粒重 25 克。品质分析结果：糙米率 83.8%，精米率 75.4%，整精米率 72.7%，粒长宽比 2，垩白大小 7.3%，垩白粒率 3.8%，垩白度 0.3%，直链淀粉 19%，胶稠度 73.9 毫米，碱消值 7 级，粗蛋白质 8%，食味品质 83 分。抗病接种鉴定结果：苗瘟 1～5 级，叶瘟 1 级，穗颈瘟 0～1 级；自然感病时，苗瘟 0 级，叶瘟 1.5～3.0 级，穗颈瘟 3 级，抗稻瘟病性强。耐冷性鉴定结果：处理空壳率 13.29%，自然空壳率 2.07%，耐冷凉能力强。

产量表现：2002—2003 年区域试验平均公顷产量 7966 千克，较对照品种藤系 138 增产 3.4%；2004 年生产试验平均公顷产量 8135.5 千克，较对照品种藤系 138 增产 6.4%。

松粳 10 号

审定编号： 黑审稻 2005005

审定日期： 2005 年 3 月 10 日

适宜地区： 黑龙江省第二积温带（方正、宾县、鸡西等地）

完成单位： 生物技术研究所

完成人员： 闫平 牟凤臣 武洪涛 周劲松 张广柱 张君 郑福余 陶永庆 刘会

获奖情况： 黑龙江省科技进步二等奖

转化金额： 30 万元

转化方式： 许可

受让方： 五常市硕丰种子有限公司

合同起止时间： 2018 年 4 月 20 日至退出市场

特征特性： 粳稻品种。在适应区出苗至成熟生育日数 137 天，需≥10℃活动积温 2450～2500℃。株高 95 厘米左右，叶色深绿，活秆成熟，分蘖能力中上。穗长 18 厘米，每穗粒数 95 粒，米粒细长，稀有芒，粒长 5.0～5.3 毫米，粒宽 2.8～3.0 毫米，千粒重 26 克。品质分析结果：糙米率 81.3%～82.9%，精米率 73.2%～74.6%，整精米率 69.7%～74.3%，粒长宽比 1.8，垩白大小 5.2%～21.4%，垩白粒率 1.0%～5.5%，垩白度 0.2%～0.6%，直链淀粉（占干重）18.5%～20.2%，胶稠度 71.3～82.8 毫米，碱消值 7 级，粗蛋白质 6.8%～8.1%，食味品质 81～86 分。接种鉴定结果：苗瘟 1～3 级，叶瘟 1 级，穗颈瘟 1～3 级；自然感病时，苗瘟 0 级，叶瘟 1～3 级，穗颈瘟 1～3 级。耐冷性鉴定结果：处理空壳率 14.98%，自然空壳率 3.94%。

产量表现： 2002—2004 年区域试验平均公顷产量 7101.6 千克，较对照品种东农 416 增产 3.8%；2004 年生产试验平均公顷产量 7742.1 千克，较对照品种东农 416 增产 5.8%。

松粳 12

审定编号：黑审稻 2008003

审定日期：2008 年 4 月 17 日

植物新品种权授权日期：2009 年 9 月 1 日

植物新品种权号：CNA20060189.X

适宜地区：黑龙江省第一积温带（五常、肇源、泰来等地）

完成单位：生物技术研究所

完成人员：闫平　牟凤臣　武洪涛　金官植　周劲松　张广柱　郑福　余张君　陶永庆

获奖情况：黑龙江省科技进步二等奖

转化金额：38 万元

转化方式：许可

受让方：佳木斯鸿发种业有限公司

合同起止时间：2017 年 3 月 28 日—2022 年 3 月 27 日

特征特性：粳稻品种。在适应区出苗至成熟生育日数 137 天左右，与对照品种藤系 138 同熟期，需≥10℃活动积温 2666℃左右。主茎 14 片叶，株高 98 厘米左右，穗长 18 厘米左右，每穗粒数 115 粒左右，千粒重 25 克左右。品质分析结果：出糙率 79.2%～82.7%，整精米率 66.7%～73.3%，垩白粒率 0，垩白度 0，直链淀粉含量（干基）17.51%～17.80%，胶稠度 68～80 毫米，食味品质 82～89 分。接种鉴定结果：叶瘟 1～3 级，穗颈瘟 3～5 级。耐冷性鉴定结果：处理空壳率 8.86%～19.27%。

产量表现：2004—2005 年区域试验平均公顷产量 7688.3 千克，比对照品种藤系 138 平均增产 6%；2006 年生产试验平均公顷产量 8566.9 千克，比对照品种藤系 138 平均增产 10.7%。

松粳 14

审定编号：黑审稻 2011002

审定日期：2011 年 1 月 18 日

植物新品种权授权日期：2016 年 5 月 1 日

植物新品种权号：CNA20100104.9

适宜地区：黑龙江省第一积温带（五常、肇源、泰来等地）

完成单位：生物技术研究所

完成人员：闫平 牟凤臣 武洪涛 于艳敏 周劲松 郑福 余张君 张广柱 刘会

转化金额：33 万元

转化方式：许可

受让方：五常市宏运种业有限公司

合同起止时间：2017 年 3 月 1 日—2022 年 2 月 28 日

特征特性：粳稻品种。在适应区出苗至成熟生育日数 142 天左右，需≥10℃活动积温 2650℃左右。主茎 13 片叶，株高 100 厘米左右，穗长 21 厘米左右，每穗粒数 120 粒左右，千粒重 25 克左右。品质分析结果：出糙率 79.1%～80.0%，整精米率 62.6%～70.4%，垩白粒率 0，垩白度 0，直链淀粉含量（干基）17.57%～18.31%，胶稠度 70～74 毫米，食味品质 82～84 分。接种鉴定结果：叶瘟 1～3 级，穗颈瘟 1～5 级。耐冷性鉴定结果：处理空壳率 5.20%～22.14%。

产量表现：2008—2009 年区域试验平均公顷产量 9420.6 千克，较对照品种松粳 6 号增产 9.8%；2010 年生产试验平均公顷产量 9448.2 千克，较对照品种松粳 6 号增产 10.6%。

松粳 15

审定编号：黑审稻 2011001

审定日期：2011 年 1 月 18 日

植物新品种权授权日期：2014 年 3 月 1 日

植物新品种权号：CNA20080783.8

适宜地区：黑龙江省第一积温带（五常、肇源、泰来等地）

完成单位：生物技术研究所

完成人员：闫平　牟凤臣　武洪涛　于艳敏　周劲松　郑福余　张君　张广柱　刘会

获奖情况：哈尔滨科技进步三等奖

转化金额：33 万元

转化方式：许可

受让方：黑龙江隆平高科农业发展有限公司

合同起止时间：2017 年 3 月 22 日—2022 年 3 月 21 日

特征特性：粳稻品种。在适应区出苗至成熟生育日数 146 天左右，需≥10℃活动积温 2750℃左右。主茎 14 片叶，株高 95 厘米左右，穗长 15.5 厘米左右，每穗粒数 150 粒左右，千粒重 24 克左右。品质分析结果：出糙率 77.1%～77.8%，整精米率 62.0%～66.2%，垩白粒率 1%～3%，垩白度 0.1%～0.4%，直链淀粉含量（干基）18.27%～18.76%，胶稠度 72.5～85.0 毫米，食味品质 80～83 分。接种鉴定结果：叶瘟 0～5 级，穗颈瘟 0～3 级。耐冷性鉴定结果：处理空壳率 7.56%～16.59%。

产量表现：2008—2009 年区域试验平均公顷产量 9565.1 千克，较对照品种牡丹江 27 增产 12.7%；2010 年生产试验平均公顷产量 9990.8 千克，较对照品种牡丹江 27 增产 11.3%。

松粳 16

审定编号：黑审稻 2012002

审定日期：2012 年 2 月 26 日

植物新品种权授权日期：2016 年 5 月 1 日

植物新品种权号：CNA20100105.8

适宜地区：黑龙江省第一积温带（五常、肇源、泰来等地）

完成单位：生物技术研究所

完成人员：闫平 牟凤臣 武洪涛 于艳敏 张书利 周劲松 郑福余 张君 高洪儒

转化金额：56 万元

转化方式：许可

受让方：黑龙江方圆农业有限责任公司

合同起止时间：2017 年 3 月 23 日—2022 年 3 月 22 日

特征特性：粳稻品种。在适应区出苗至成熟生育日数 146 天左右，需≥10℃活动积温 2750℃左右。主茎 14 片叶，株高 102 厘米左右，穗长 21 厘米左右，每穗粒数 125 粒左右，千粒重 25 克左右。两年品质分析结果：出糙率 79.7%～81.2%，整精米率 67.2%～68.9%，垩白粒率 1%～5%，垩白度 0.1%～0.8%，直链淀粉含量（干基）17.30%～18.98%，胶稠度 70～75 毫米，食味品质 83～84 分。三年抗病接种鉴定结果：叶瘟 0～5 级，穗颈瘟 0～3 级。三年耐冷性鉴定结果：处理空壳率 5.99%～20.80%。

产量表现：2009—2010 年区域试验平均公顷产量 9353.4 千克，较对照品种牡丹江 27 增产 6.6%；2011 年生产试验平均公顷产量 9178.5 千克，较对照品种牡丹江 27 增产 10.2%。

松粳 17

审定编号：黑审稻 2013001

审定日期：2013 年 4 月 7 日

植物新品种权授权日期：2016 年 1 月 1 日

植物新品种权号：CNA20110260.8

适宜地区：黑龙江省第一积温带（五常、肇源、泰来等地）

完成单位：生物技术研究所

完成人员：闫平 牟凤臣 武洪涛 于艳敏 张书利 周劲松 宋丽娟 高洪儒 赵北平

转化金额：30 万元

转化方式：许可

受让方：黑龙江方圆农业有限公司

合同起止时间：2019 年 3 月 21 日至品种退出市场

特征特性：粳稻品种。在适应区出苗至成熟生育日数 142 天，需≥10℃活动积温 2650℃。主茎 13 片叶，株高 104 厘米左右，穗长 21 厘米左右，每穗粒数 127 粒左右，千粒重 25 克左右。两年品质分析结果：出糙率 80.5%～80.6%，整精米率 64.0%～70.6%，垩白粒率 2%～3%，垩白度 0.4%～0.6%，直链淀粉含量（干基）16.27%～17.25%，胶稠度 77.0～77.5 毫米，食味品质 84～86 分。三年抗病接种鉴定结果：叶瘟 0～5 级，穗颈瘟 0～5 级。三年耐冷性鉴定结果：处理空壳率 1.23%～5.68%。

产量表现：2010—2011 年区域试验平均公顷产量 8957.7 千克，较对照品种松粳 6 号增产 9.3%；2012 年生产试验平均公顷产量 9453.9 千克，较对照品种龙稻 11 增产 8.4%。

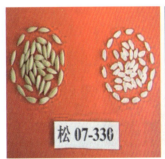

松粳 18

审定编号：黑审稻 2013004

审定日期：2013 年 4 月 7 日

植物新品种权授权日期：2016 年 1 月 1 日

植物新品种权号：CNA20110261.7

适宜地区：黑龙江省第一积温带（五常、肇源、泰来等地）

完成单位：生物技术研究所

完成人员：闫平 牟凤臣 武洪涛 于艳敏 张书利 周劲松 宋丽娟 高洪儒 赵北平

转化金额：30 万元

转化方式：许可

受让方：五常金禾种业有限公司

合同起止时间：2019 年 4 月 10 日至品种退出市场

特征特性：粳稻品种。在适应区出苗至成熟生育日数 142 天，需≥10℃活动积温 2650℃。主茎 13 片叶，株高 103 厘米左右，穗长 20 厘米左右，每穗粒数 150 粒左右，千粒重 24 克左右。两年品质分析结果：出糙率 79.6%～80.5%，整精米率 64.2%～68.5%，垩白粒率 3.5%～9.0%，垩白度 0.8%～1.6%，直链淀粉含量（干基）16.25%～16.91%，胶稠度 70.0～77.5 毫米，食味品质 84～86 分。三年抗病接种鉴定结果：叶瘟 3～5 级，穗颈瘟 1～3 级。三年耐冷性鉴定结果：处理空壳率 1.95%～12.56%。

产量表现：2010—2011 年区域试验平均公顷产量 8784.4 千克，较对照品种松粳 6 号增产 6.6%；2012 年生产试验平均公顷产量 9431.4 千克，较对照品种龙稻 11 增产 8.1%。

松粳 19

审定编号：黑审稻 2013014

审定日期：2013 年 4 月 7 日

植物新品种权授权日期：2016 年 11 月 1 日

植物新品种权号：CNA20120460.5

适宜地区：黑龙江省第一积温带（五常、肇源、泰来等地）

完成单位：生物技术研究所

完成人员：闫平 牟凤臣 武洪涛 于艳敏 张书利 周劲松 宋丽娟 高洪儒 赵北平

转化金额：40 万元

转化方式：许可

受让方：哈尔滨盛世百年农业有限公司

合同起止时间：2019 年 4 月 10 日至品种退出市场

特征特性：香稻品种。在适应区出苗至成熟生育日数 146 天左右，需≥10℃活动积温 2750℃左右。主茎 14 片叶，株高 110 厘米左右，穗长 20 厘米左右，每穗粒数 105 粒左右，千粒重 26 克左右。两年品质分析结果：出糙率 80.0%～80.5%，整精米率 66.0%～69.6%，垩白粒率 1%，垩白度 0.1%～0.2%，直链淀粉含量（干基）17.55%～17.82%，胶稠度 70.0～72.5 毫米，食味品质 82～84 分。三年抗病接种鉴定结果：叶瘟 1～3 级，穗颈瘟 0～3 级。三年耐冷性鉴定结果：处理空壳率 4.11%～11.11%。

产量表现：2010—2011 年区域试验平均公顷产量 8249.7 千克，较对照品种龙香稻 2 号增产 7.4%；2012 年生产试验平均公顷产量 8798.5 千克，较对照品种龙香稻 2 号增产 8.4%。

松粳 20

审定编号：黑审稻 2014002

审定日期：2014 年 2 月 20 日

植物新品种权授权日期：2016 年 9 月 1 日

植物新品种权号：CNA20121270.3

适宜地区：黑龙江省第一积温带（五常、肇源、泰来等地）

完成单位：生物技术研究所

完成人员：张君 高洪儒 赵北平 宋丽娟 陶永庆 张广柱 牟凤臣 闫平 郑福余

转化金额：20 万元

转化方式：许可

受让方：甘南县农联航育种业有限公司

合同起止时间：2019 年 9 月 24 日至品种退出市场

特征特性：在适应区出苗至成熟生育日数 146 天左右，需≥10℃活动积温 2750℃左右。主茎 14 片叶，株高 95 厘米左右，穗长 16.7 厘米左右，每穗粒数 149 粒左右，长粒形，千粒重 24.5 克左右。两年品质分析结果：出糙率 79.1%～81.0%，整精米率 63.0%～69.3%，垩白粒率 2.5%～11.0%，垩白度 0.3%～3.7%，直链淀粉含量（干基）17.03%～17.46%，胶稠度 76.5～81.0 毫米，达到国家《优质稻谷》标准二级。三年抗病接种鉴定结果：叶瘟 1～3 级，穗颈瘟 1～3 级。三年耐冷性鉴定结果：处理空壳率 1.54%～10.05%。

产量表现：2011—2012 年区域试验平均公顷产量 8992 千克，较对照品种松粳 9 号增产 7.6%；2013 年生产试验平均公顷产量 8510 千克，较对照品种松粳 9 号增产 10.1%。

松粳 21

审定编号：黑审稻 2015002

审定日期：2015 年 5 月 14 日

植物新品种权授权日期：2016 年 1 月 1 日

植物新品种权号：CNA20120461.4

适宜地区：黑龙江省第一积温带（五常、肇源、泰来等地）

完成单位：生物技术研究所

完成人员：闫平　牟凤臣　武洪涛　于艳敏　张书利　徐振华　周劲松　陶永庆

转化金额：34 万元

转化方式：许可

受让方：黑龙江隆平高科农业发展有限公司

合同起止时间：2017 年 3 月 22 日—2022 年 3 月 21 日

特征特性：普通水稻品种。在适应区出苗至成熟生育日数 146 天左右，需≥10℃活动积温 2750℃左右。主茎叶数 14 片，株高 95.6 厘米，穗长 16.9 厘米，每穗粒数 135 粒，长粒形，千粒重 23.6 克。三年品质分析结果：出糙率 79.4%～81.3%，整精米率 61.7%～68.0%，垩白粒率 3.0%～9.5%，垩白度 0.2%～3.6%，直链淀粉含量（干基）17.70%～18.63%，胶稠度 71.0～80.5 毫米，食味品质 78～81 分，达到国家《优质稻谷》标准二级。四年抗病接种鉴定结果：叶瘟 0～4 级，穗颈瘟 0～5 级。四年耐冷性鉴定结果：处理空壳率 1.82%～16.86%。

产量表现：2011—2012 年区域试验平均公顷产量 9018.8 千克，较对照品种牡丹江 27、松粳 9 号平均增产 8%；2013—2014 年生产试验平均公顷产量 8241.5 千克，较对照品种松粳 9 号增产 8.3%。

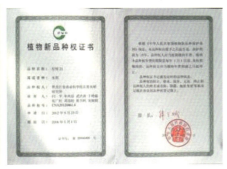

松粳 22

审定编号：黑审稻 2016003

审定日期：2016 年 5 月 16 日

植物新品种权授权日期：2019 年 7 月 22 日

植物新品种权号：CNA20151962.3

适宜地区：黑龙江省第一积温带上限（五常、肇源、泰来等地）

完成单位：生物技术研究所

完成人员：刘会 杨忠良 刘海英 高洪儒 陶永庆 张广柱 牟凤臣 闫平 郑福余

获奖情况：全国首届食味鉴评粳稻组金奖、黑龙江国际大米节铜奖

转化金额：400 万元

转化方式：许可

受让方：黑龙江省松粳科技有限责任公司

合同起止时间：2009 年 1 月 1 日—2018 年 12 月 31 日

转化金额：500 万元

转化方式：许可

受让方：黑龙江乔府大院种业科技有限责任公司

合同起止时间：2019 年 3 月 13 日至退出市场

特征特性：香稻品种。在适应区出苗至成熟生育日数 144 天左右，需≥10℃活动积温 2700℃左右。主茎 14 片叶，株高 110 厘米左右，穗长 20.3 厘米左右，每穗粒数 104 粒左右，长粒形，千粒重 27 克左右。两年品质分析结果：出糙率 80.4%～82.5%，整精米率 63.0%～69.5%，垩白粒率 1%～7%，垩白度 0.1%～2.9%，直链淀粉含量（干基）17.33%～17.84%，胶稠度 73.5～79.0 毫米，食味品质 86～87 分，达到国家《优质稻谷》标准二级。三年抗病接种鉴定结果：叶瘟 1～2 级，穗颈瘟 1～5 级。三年耐冷性鉴定结果：处理空壳率 10.90%～14.53%。

产量表现：2012—2013 年区域试验平均公顷产量 8251.4 千克，较对照品种松粳 9 号增产 6.8%；2014 年生产试验平均公顷产量 7934.6 千克，较对照品种松粳 9 号增产 5.2%。

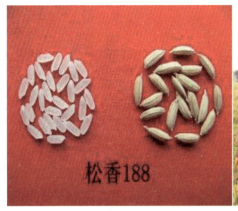

松香188 · 松粳22

松粳22与稻花香9月8日在五常石庙子田间表现

稻花香 · 松粳22

松粳 28

审定编号： 黑审稻 20190050

审定日期： 2019 年 5 月 9 日

适宜地区： 黑龙江省第一积温带（五常、肇源、泰来等地）

完成单位： 生物技术研究所

完成人员： 闫平武 洪涛 于艳敏 张书利 徐振华 刘海英 杨忠良 吴立成 王玉杰

获奖情况： 全国首届食味鉴评粳稻组金奖、黑龙江国际大米节银奖和铜奖

转化金额： 200 万元

转化方式： 许可

受让方： 黑龙江省龙科种业集团有限公司

合同起止时间： 2020 年 10 月 10 日—2026 年 5 月 31 日

特征特性： 普通粳稻品种。在适应区出苗至成熟生育日数 144 天左右，需≥10℃活动积温 2700℃左右。主茎 14 片叶，株高 109 厘米左右，穗长 20.7 厘米左右，每穗粒数 129 粒左右，长粒形，千粒重 24.5 克左右。品质分析结果：出糙率 79.5%，整精米率 66%，垩白粒率 10%，垩白度 1.9%，直链淀粉含量（干基）17.7%，胶稠度 81.1 毫米，食味品质 90 分，粗蛋白（干基）6.7%，达到国家《优质稻谷》标准一级。三年抗病接种鉴定结果：叶瘟 2～5 级，穗颈瘟 1～3 级。三年耐冷性鉴定结果：处理空壳率 6.52%～18.08%。

产量表现： 2016—2017 年区域试验平均公顷产量 7974.2 千克，较对照品种龙稻 18 增产 3.5%；2018 年生产试验平均公顷产量 7933.2 千克，较对照品种龙稻 18 增产 5.3%。

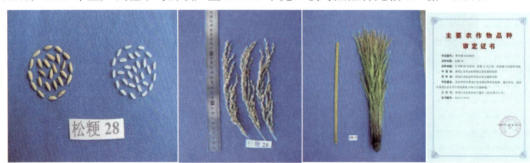

松粳 29

审定编号：黑审稻 20190002

审定日期：2019 年 5 月 9 日

适宜地区：黑龙江省第一积温带（五常、肇源、泰来等地）

完成单位：生物技术研究所

完成人员：闫平武 洪涛 于艳敏 张书利 徐振华 刘海英 杨忠良 吴立成 王玉杰

获奖情况：全国第三届食味鉴评粳稻组金奖、黑龙江国际大米节优秀奖

转化金额：60 万元

转化方式：许可

受让方：黑龙江方圆农业有限公司

合同起止时间：2019 年 3 月 21 日至品种退出市场

特征特性：普通粳稻品种。在适应区出苗至成熟生育日数 146 天左右，需≥10℃活动积温 2750℃左右。主茎 14 片叶，株高 105 厘米左右，穗长 18.4 厘米左右，每穗粒数 109 粒左右，长粒形，千粒重 25.6 克左右。品质分析结果：出糙率 81.4%，整精米率 67.4%，垩白粒率 1.5%，垩白度 0.3%，直链淀粉含量（干基）18.64%，胶稠度 82.5 毫米，食味品质 86 分，粗蛋白（干基）7.97%，达到国家《优质稻谷》标准二级。三年抗病接种鉴定结果：叶瘟 1～5 级，穗颈瘟 0～3 级。三年耐冷性鉴定结果：处理空壳率 6.60%～21.11%。

产量表现：2016—2017 年区域试验平均公顷产量 8379.8 千克，较对照品种松粳 9 号增产 6.6%；2018 年生产试验平均公顷产量 8239.9 千克，较对照品种松粳 9 号增产 5.3%。

松粳 33

审定编号：黑审稻 20200008

审定日期：2020 年 7 月 15 日

适宜地区：黑龙江省第一积温带（五常、肇源、泰来等地）

完成单位：生物技术研究所

完成人员：闫平武　洪涛　于艳敏　张书利　徐振华　刘海英　杨忠良　吴立成　王玉杰

转化金额：25 万元

转化方式：许可

受让方：黑龙江方圆农业有限公司

合同起止时间：2020 年 4 月 10 日至品种权终止

特征特性：普通粳稻品种。在适应区出苗至成熟生育日数 143 天左右，需≥10℃活动积温 2700℃左右。主茎 13 片叶，株高 95.2 厘米左右，穗长 14.8 厘米左右，每穗粒数 124 粒左右，长粒形，千粒重 24.3 克左右。两年品质分析结果：出糙率 80.3%～82.1%，整精米率 64.0%～70.8%，垩白粒率 3.0%～5.5%，垩白度 0.3%～1.8%，直链淀粉含量（干基）17.40%～18.98%，胶稠度 76～79 毫米，粗蛋白（干基）6.95%～8.18%，食味品质 81 分，达到国家《优质稻谷》标准二级。三年抗病接种鉴定结果：叶瘟 1～5 级，穗颈瘟 3～5 级。三年耐冷性鉴定结果：处理空壳率 7.61%～19.68%。

产量表现：2017—2018 年区域试验平均公顷产量 7927.4 千克，较对照品种龙稻 18 平均增产 5.6%；2019 年生产试验平均公顷产量 8215.7 千克，较对照品种龙稻 18 增产 7.7%。

松粳 48

审定编号：黑审稻 2020L0004

审定日期：2020 年 7 月 15 日

适宜地区：黑龙江省第一积温带（五常、肇源、泰来等地）

完成单位：生物技术研究所

完成人员：闫平 武洪涛 于艳敏 张书利 徐振华 刘海英 杨忠良 吴立成 王玉杰

转化金额：40 万元

转化方式：许可

受让方：黑龙江方圆农业有限公司

合同起止时间：2020 年 4 月 10 日至品种权终止

特征特性：普通粳稻品种。在适应区出苗至成熟生育日 146 天左右，需≥10℃活动积温 2800℃左右。主茎 14 片叶，株高 105.4 厘米左右，穗长 19.2 厘米左右，每穗粒数 117 粒左右，长粒形，千粒重 25.4 克左右。两年品质分析结果：出糙率 79.9%～80.3%，整精米率 64.2%～66.7%，垩白粒率 7.5%～16.0%，垩白度 2.7%～2.8%，直链淀粉含量（干基）17.68%～17.80%，胶稠度 80 毫米，粗蛋白（干基）6.92%～7.09%，食味品质 82～83 分，达到国家《优质稻谷》标准二级。三年抗病接种鉴定结果：叶瘟 0～4 级，穗颈瘟 1～5 级。三年耐冷性鉴定结果：处理空壳率 8.46%～16.38%。

产量表现：2017—2018 年区域试验平均公顷产量 8876.4 千克，较对照品种松粳 9 号平均增产 7.4%；2019 年生产试验平均公顷产量 8462.1 千克，较对照品种松粳 9 号增产 5.5%。

松粳 201

审定编号：黑审稻 20200054

审定日期：2020 年 7 月 15 日

适宜地区：黑龙江省第一积温带（五常、肇源、泰来等地）

完成单位：生物所

完成人员：高洪儒　张君　张国民　马军韬　张丽艳　邓凌韦　王永力　赵北平　王玉杰

转化金额：20 万元

转化方式：许可

受让方：泰来县鑫立项种业有限公司

合同起止时间：2020 年 12 月 17 日至退出市场

特征特性：香稻品种。在适应区出苗至成熟生育日数 142 天左右，需≥10℃活动积温 2700℃左右。主茎 13 片叶，株高 113.3 厘米左右，穗长 21.6 厘米左右，每穗粒数 138 粒左右，长粒形，千粒重 25.9 克左右。两年品质分析结果：出糙率 82.2%～83.0%，整精米率 70.8%～71.7%，垩白粒率 4%～7%，垩白度 0.9%～1.4%，直链淀粉含量（干基）18.2%～19.1%，胶稠度 75～77 毫米，粗蛋白（干基）7.47%～7.78%，食味品质 83 分，达到国家《优质稻谷》标准二级。两年抗病接种鉴定结果：叶瘟 2～3 级，穗颈瘟 1～5 级。两年耐冷性鉴定结果：处理空壳率 8.09%～12.79%。

产量表现：2018—2019 年区域试验平均公顷产量 7939.6 千克，较对照品种哈粳稻 2 号增产 8.5%；2019 年生产试验平均公顷产量 7733.2 千克，较对照品种哈粳稻 2 号增产 8.4%。

松粳 838

审定编号：黑审稻 20190003

审定日期：2019 年 5 月 9 日

适宜地区：黑龙江省第一积温带（五常、肇源、泰来等地）

完成单位：生物技术研究所

完成人员：张君 高洪儒 吕国依 李昕 赵北平

转化金额：36 万元

转化方式：许可

受让方：大洋农业发展有限公司

合同起止时间：2019 年 4 月 12 日至品种退出市场

特征特性：普通水稻品种。在适应区出苗至成熟生育日数 146 天左右，需≥10℃活动积温 2750℃左右。主茎 14 片叶，株高 106 厘米左右，穗长 19.1 厘米左右，每穗粒数 121.3 粒左右，长粒形，千粒重 25 克左右。三年品质分析结果：出糙率 79.9%，整精米率 67.7%，垩白粒率 1.5%，垩白度 0.4%，直链淀粉含量（干基）18.97%，胶稠度 83 毫米，食味品质 84 分，粗蛋白（干基）6.63%，达到国家《优质稻谷》标准二级。三年抗病接种鉴定结果：叶瘟 1～5 级，穗颈瘟 0～3 级。三年耐冷性鉴定结果：处理空壳率 12.87%～26.29%。

产量表现：2016 年参加省区域试验 7 点次，平均公顷产量 8402.9 千克，较对照品种松粳 9 号增产 7.5%；2017 年参加省区域试验 8 点次，平均公顷产量 8591.8 千克，较对照品种松粳 9 号增产 8.9%；2018 年参加省生产试验 8 点次，平均公顷产量 8483.7 千克，较对照品种松粳 9 号增产 8.6%。

松粳香 1 号

审定编号：黑审稻 2009004

审定日期：2009 年 4 月 17 日

植物新品种权授权日期：2016 年 3 月 1 日

植物新品种权号：CNA20100110.1

适宜地区：黑龙江省第一积温带上限（五常、肇源、泰来等地）

完成单位：生物技术研究所

完成人员：刘会 闫平 张君 郑福余 周劲松 张广柱 牟凤臣 武洪涛 高洪儒 于艳敏 宋丽娟 陶永庆

获奖情况：黑龙江省农委科技进步一等奖

转化金额：400 万元

转化方式：许可

受让方：黑龙江省松粳科技有限责任公司

合同起止时间：2009 年 1 月 1 日—2018 年 12 月 31 日

转化金额：80 万元

转化方式：许可

受让方：五常市金秋种子有限公司

合同起止时间：2018 年 5 月 8 日至退出市场

特征特性：香稻品种。在适应区出苗至成熟生育日数 145 天左右，需≥10℃活动积温 2750℃左右。主茎 14 片叶，株高 113 厘米左右，穗长 19.4 厘米左右，每穗粒数 110 粒左右，千粒重 24.9 克左右。品质分析结果：出糙率 80.8%～82.6%，整精米率 64.4%～69.5%，垩白粒率 0，垩白度 0，直链淀粉含量（干基）17.0%～18.8%，胶稠度 75.5～81.0 毫米，食味品质 78～83 分。接种鉴定结果：叶瘟 1～3 级，穗颈瘟 0 级。耐冷性鉴定结果：处理空壳率 7.42%～18.42%。

产量表现：2006—2007 年区域试验平均公顷产量 7948.9 千克；2008 年生产试验平均公顷产量 8258 千克。

松粳香 2 号

审定编号：黑审稻 2011008

审定日期：2011 年 1 月 18 日

植物新品种权授权日期：2016 年 5 月 1 日

植物新品种权号：CNA20100103.0

适宜地区：黑龙江省第一积温带（五常、肇源、泰来等地）

完成单位：生物技术研究所

完成人员：闫平 牟凤臣 武洪涛 于艳敏 周劲松 郑福 余张君 张广柱 刘会

获奖情况：黑龙江省科技进步三等奖

转化金额：42 万元

转化方式：许可

受让方：五常市神农天源种子有限公司

合同起止时间：2017 年 3 月 1 日—2022 年 2 月 28 日

特征特性：香稻品种。在适应区出苗至成熟生育日数 146 天左右，需≥10℃活动积温 2750℃左右。主茎 14 片叶，株高 110 厘米左右，穗长 20 厘米左右，每穗粒数 110 粒左右，千粒重 25.5 克左右。品质分析结果：出糙率 79.5%～81.6%，整精米率 60.2%～66.4%，垩白粒率 0～2%，垩白度 0～0.1%，直链淀粉含量（干基）18.60%～18.86%，胶稠度 70～80 毫米，食味品质 84～87 分。接种鉴定结果：叶瘟 0～3 级，穗颈瘟 0～3 级。耐冷性鉴定结果：处理空壳率 7.03%～28.34%。

产量表现：2008—2009 年区域试验平均公顷产量 8284.5 千克；2010 年生产试验平均公顷产量 9074.7 千克，较对照品种龙香稻 2 号增产 8.9%。

松 836

审定编号： 黑审稻 2018002

审定日期： 2018 年 4 月 25 日

适宜地区： 黑龙江省第一积温带（五常、肇源、泰来等地）

完成单位： 生物技术研究所

完成人员： 张君　高洪儒　吕国依　李昕　赵北平

转化金额： 40 万元

转化方式： 许可

受让方： 五常市神农天源种子有限公司

合同起止时间： 2018 年 5 月 14 日至退出市场

特征特性： 普通粳稻品种。在适应区出苗至成熟生育日数 145 天左右，需≥10℃活动积温 2725℃左右。主茎 14 片叶，株高 114.3 厘米左右，穗长 19.5 厘米左右，每穗粒数 125 粒左右，长粒形，千粒重 25.2 克左右。品质分析结果：出糙率 80.8%，整精米率 64.6%，垩白粒率 5%，垩白度 0.6%，直链淀粉含量（干基）18.09%，胶稠度 75 毫米，食味品质 81 分，达到国家《优质稻谷》标准二级。三年抗病接种鉴定结果：叶瘟 1～5 级，穗颈瘟 0～5 级。三年耐冷性鉴定结果：处理空壳率 5.00%～14.19%。

产量表现： 2015—2016 年区域试验平均公顷产量 8719.7 千克，较对照品种松粳 9 号增产 7.3%；2017 年生产试验平均公顷产量 8476.7 千克，较对照品种松粳 9 号增产 8%。

育龙 7 号

审定编号：黑审稻 2017006

审定日期：2017 年 5 月 31 日

植物新品种权授权日期：2017 年 9 月 1 日

植物新品种权号：CNA20140082.1

适宜地区：黑龙江省第一积温带

完成单位：作物资源研究所

完成人员：丛万彪 辛洪梅

转化金额：50 万元

转化方式：齐齐哈尔市富尔农艺有限公司

独家受让方：齐齐哈尔市富尔农艺有限公司

合同起止时间：2017 年 5 月 15 日—2022 年 12 月 31 日

特征特性：在适应区出苗至成熟生育日数 142 天左右，需≥10℃活动积温 2650℃左右。主茎 13 片叶，株高 99.7 厘米左右，穗长 17.9 厘米左右，每穗粒数 123 粒左右，粒形椭圆，千粒重 25 克左右，达到国家《优质稻谷》标准二级。抗病及耐冷性强。

产量表现：公顷产量 8500～10000 千克。

育龙 9 号

审定编号： 黑审稻 2018031

审定日期： 2018 年 4 月 25 日

适宜地区： 黑龙江省第四积温带≥10℃活动积温 2150℃地区

完成单位： 作物资源研究所

完成人员： 丛万彪 辛洪梅

转化金额： 200 万元

转化方式： 许可

受让方： 齐齐哈尔市富尔农艺有限公司

合同起止时间： 2018 年 4 月 26 日—2023 年 4 月 26 日

特征特性： 在适应区出苗至成熟生育日数 123 天左右，需≥10℃活动积温 2150℃左右。主茎 10 片叶，株高 91.5 厘米左右，穗长 17.5 厘米左右，每穗粒数 88 粒左右，粒形椭圆，千粒重 27.2 克左右，达到国家《优质稻谷》标准三级。抗病及耐冷性强。

产量表现： 公顷产量 9000～10000 千克。

龙稻 8 号

审定编号：黑审稻 2008019

审定日期：2008 年 2 月 25 日

适宜地区：黑龙江省第二积温带上限

完成单位：耕作栽培研究所

完成人员：孙世臣

转化金额：20 万元

转化方式：转让

受让方：五常乔府大院种业有限公司

合同起止时间：2017 年 3 月 10 日

特征特性：糯稻品种。出苗至成熟生育日数 135 天左右，比对照品种东农 418 早 2 天。主茎 12 片叶，株高 90 厘米左右，穗长 16 厘米，每穗粒数 90 粒左右，千粒重 27 克。三年品质分析结果：出糙率 78.6%～82.9%，整精米率 61.5%～68.2%，垩白粒率 76%～100%，垩白度 100%，直链淀粉含量（干基）0～1.2%，胶稠度 100 毫米。两年接种鉴定结果：叶瘟 1 级，穗颈瘟 3 级。两年耐冷性鉴定结果：处理空壳率 11.60%～16.63%。

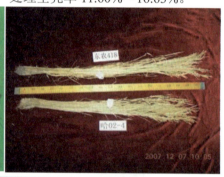

龙稻9号

审定编号：黑审稻 2009014

审定日期：2009 年 9 月 7 日

适宜地区：黑龙江省第一积温带上限

完成单位：耕作栽培研究所

完成人员：孙世臣

转化金额：17 万元

转化方式：转让

受让方：五常长盛种业有限公司

合同起止时间：2017 年 3 月 6 日

特征特性：糯稻品种。出苗至成熟生育日数 144 天左右，与对照品种松粘 1 号同熟期。主茎 14 片叶，株高 95 厘米左右，穗长 18.6 厘米左右，每穗粒数 103 粒左右，千粒重 26 克左右。三年品质分析结果：出糙率 80.2%～81.3%，整精米率 64.1%～69.3%，垩白粒率 100%，垩白度 100%，直链淀粉含量（干基）0～1.7%，胶稠度 100 毫米。两年接种鉴定结果：叶瘟 1～5 级，穗颈瘟 0～5 级。两年耐冷性鉴定结果：处理空壳率 12.36%～20.86%。

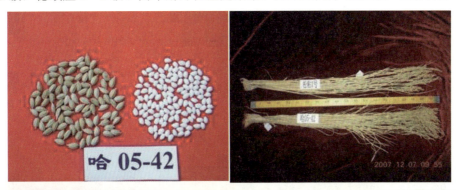

龙稻 22

审定编号：黑审稻 2015018

审定日期：2015 年 5 月 14 日

植物新品种权授权日期：2017 年 5 月 1 日

植物新品种权号：CNA20130634.5

适宜地区：黑龙江省第一积温带下限

完成单位：耕作栽培研究所

完成人员：冯延 江朱祯 王麒 孙羽 来永才 王俊河 卞景阳 曾宪楠 宋秋来

转化金额：50 万元

转化方式：许可

受让方：五常市耕耘者农业科技有限公司

合同起止时间：2018 年 7 月 28 日至品种权终止

特征特性：香稻品种。在适应区出苗至成熟生育日数 142 天左右，与对照品种同熟期，需≥10℃活动积温 2650℃左右。主茎 13 片叶，株高 93.8 厘米左右，穗长 18.2 厘米左右，每穗粒数 107 粒左右，粒长形，千粒重 25.9 克左右。

产量表现：2011—2012 年区域试验平均公顷产量 8323.5 千克，较对照品种苗香粳 1 号增产 6.3%；2013—2014 年生产试验平均公顷产量 7791.1 千克，较对照品种苗香粳 1 号增产 8.4%。

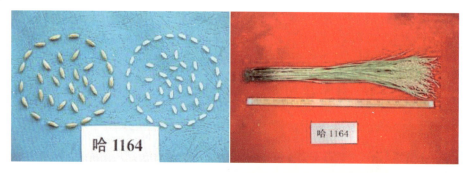

龙稻 26

审定编号：黑审稻 2016004

审定日期：2016 年 5 月 16 日

植物新品种权授权日期：2018 年 11 月 8 日

植物新品种权号：CNA20150003.6

适宜地区：黑龙江省第一积温带下限

完成单位：耕作栽培研究所

完成人员：冯延江 张立新 王麒 孙羽 曾宪楠 宋秋来 卞景阳 季代丽 王立志

转化金额：40 万元

转化方式：许可

受让方：齐齐哈尔市富尔农艺有限公司

合同起止时间：2016 年 5 月 18 日至品种权终止

特征特性：普通水稻品种。在适应区出苗至成熟生育日数 140 天左右，需≥10℃活动积温 2600℃左右。主茎 13 片叶，株高 94.3 厘米左右，穗长 18.6 厘米左右，每穗粒数 119 粒左右，粒长形，千粒重 25 克左右。

产量表现：2013 年参加区域试验 5 点次，平均公顷产量 8811.2 千克，较对照品种龙稻 11 增产 8.7%；2014 年参加区域试验 6 点次，平均公顷产量 8013.1 千克，较对照品种龙稻 11 增产 7.9%。2013—2014 年区域试验平均公顷产量 8412.2 千克，较对照品种龙稻 11 增产 8.3%；2015 年生产试验平均公顷产量 8457.7 千克，较对照品种龙稻 11 增产 9.1%。

龙稻 27

审定编号：黑审稻 2017002

审定日期：2017 年 5 月 31 日

植物新品种权授权日期：2019 年 12 月 19 日

植物新品种权号：CNA20160100.7

适宜地区：黑龙江省第一积温带上限

完成单位：耕作栽培研究所

完成人员：王麒 张立新 冯延江 孙羽 曾宪楠 宋秋来 卞景阳 季代丽 王立志

转化金额：100 万元

转化方式：许可

受让方：五常市耕耘者农业科技有限公司

合同起止时间：2017 年 8 月至推广期

特征特性：普通水稻品种。在适应区出苗至成熟生育日数 146 天左右，需≥10℃活动积温 2750℃左右。主茎 14 片叶，株高 100.9 厘米左右，穗长 18.7 厘米左右，每穗粒数 152 粒左右，粒形椭圆，千粒重 25.3 克左右。

产量表现：2014 年区域试验 6 点次，平均公顷产量 8247.1 千克，较对照品种松粳 9 号增产 9%；2015 年区域试验 5 点次，平均公顷产量 9080.5 千克，较对照品种松粳 9 号增产 7.6%。2014—2015 年区域试验平均公顷产量 8663.8 千克，较对照品种松粳 9 号增产 8.4%；2016 年生产试验平均公顷产量 8655.2 千克，较对照品种松粳 9 号增产 10.5%。

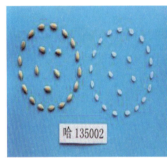

龙稻 28

审定编号： 黑审稻 2017001

审定日期： 2017 年 5 月 31 日

适宜地区： 黑龙江省第一积温带上限（插秧种植）

完成单位： 耕作栽培研究所

完成人员： 孙世臣

转化金额： 140 万元

转化方式： 许可

受让方： 齐齐哈尔市富尔农艺有限公司

合同起止时间： 2018 年 6 月 10 日至品种权终止

特征特性： 普通粳稻品种。主茎 14 片叶，株高 110.5 厘米左右，穗长 19.4 厘米左右，每穗粒 123 粒左右，粒长形，千粒重 25.8 克左右。剑叶上举，分蘖能力强，抗倒伏，耐冷，抗病，米质优。两年品质分析结果：出糙率 80.8%～81.5%，整精米率 66.0%～68.9%，垩白粒率 4.0%，垩白度 0.5%～1.1%，直链淀粉含量（干基）17.68%～17.74%，胶稠度 73.5～81.0 毫米，食味品质 87～90 分。

龙稻 29

审定编号：黑审稻 2018006

审定日期：2018 年 4 月 25 日

适宜地区：黑龙江省≥10℃活动积温 2625℃地区

种植完成单位：耕作栽培研究所

完成人员：孙世臣

转化金额：41.4 万元

转化方式：许可

受让方：黑龙江倍丰种业有限公司

合同起止时间：2018 年 7 月 4 日至品种权终止

特征特性：粳稻品种。在适应区出苗至成熟生育日数 141 天左右，需≥10℃活动积温 2625℃左右。主茎 13 片叶，株高 95 厘米左右，穗长 17 厘米左右，每穗粒数 111 粒左右，粒长形，千粒重 26.4 克左右。三年品质分析结果：出糙率 81%，整精米率 66.3%，垩白粒率 12%，垩白度 2.9%，直链淀粉含量（干基）16.63%，胶稠度 72.5 毫米，食味品质 85 分，达到国家《优质稻谷》标准二级。三年抗病接种鉴定结果：叶瘟 2～5 级，穗颈瘟 1～3 级。三年耐冷性鉴定结果：处理空壳率 2.38%～6.45%。

龙稻 30

审定编号：黑审稻 2018003

审定日期：2018 年 4 月 25 日

植物新品种权授权日期：2017 年 7 月 1 日

植物新品种权号：CNA017542E

适宜地区：黑龙江省第一积温带上限

完成单位：耕作栽培研究所

完成人员：王麒 孙羽 宋秋来 冯延江 曾宪楠 王立志 邸树峰 马启慧 张小明

转化金额：40 万元

转化方式：许可

受让方：五常市耕耘者农业科技有限公司

合同起止时间：2018 年 7 月 28 日至品种权终止

特征特性：普通粳稻品种。在适应区出苗至成熟生育日数 145 天左右，需≥10℃活动积温 2725℃左右。主茎 14 片叶，株高 97.5 厘米左右，穗长 17.6 厘米左右，每穗粒数 113 粒左右，粒长形，千粒重 26.0 克左右。

产量表现：2015 年区域试验 5 点次，平均公顷产量 8798.1 千克，较对照品种松粳 9 号增产 4.2%；2016 年区域试验 7 点次，平均公顷产量 8279.9 千克，较对照品种松粳 9 号增产 5.9%。2015—2016 年区域试验平均公顷产量 8539 千克，较对照品种松粳 9 号增产 5.1%；2017 年生产试验平均公顷产量 8502.9 千克，较对照品种松粳 9 号增产 8.5%。

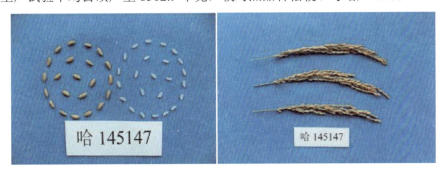

龙稻 31

审定编号：黑审稻 2018005

审定日期：2018 年 4 月 25 日

植物新品种权授权日期：2017 年 7 月 1 日

植物新品种权号：CNA017543E

适宜地区：黑龙江省第一积温带下限

完成单位：耕作栽培研究所

完成人员：王麒 张立新 曾宪楠 冯延江 孙羽 宋秋来 季代丽 王立志 邸树峰

转化金额：40 万元

转化方式：许可

受让方：齐齐哈尔市富尔农艺有限公司

合同起止时间：2018 年 5 月 19 日至品种权终止

特征特性：普通粳稻品种。在适应区出苗至成熟生育日数 142 天左右，需≥10℃活动积温 2650℃左右。主茎 13 片叶，株高 96 厘米左右，穗长 17.8 厘米左右，每穗粒数 117 粒左右，粒形椭圆，千粒重 25.4 克左右。

产量表现：2015 年区域试验 6 点次，平均公顷产量 9015.6 千克，较对照品种龙稻 11 增产 9.3%；2016 年区域试验 7 点次，平均公顷产量 8582 千克，较对照品种龙稻 11 增产 8.8%。2015—2016 年区域试验平均公顷产量 8798.8 千克，较对照品种龙稻 11 增产 9.1%；2017 年生产试验平均公顷产量 8317.1 千克，较对照品种龙稻 18 增产 8.7%。

龙稻 102

审定编号：黑审稻 20190004

审定日期：2019 年 5 月 9 日

植物新品种权授权日期：2020 年 12 月 31 日

植物新品种权号：CNA20173684.4

适宜地区：黑龙江省≥10℃活动积温 2725℃区域

完成单位：耕作栽培研究所

完成人员：孙世臣

转化金额：23 万元

转化方式：许可

受让方：五常市神农天源种子有限公司

合同起止时间：2019 年 12 月 25 日至退出市场

特征特性：普通水稻品种。在适应区出苗至成熟生育日数 145 天左右，需≥10℃活动积温 2725℃左右。主茎 14 片叶，株高 101.3 厘米左右，穗长 15.6 厘米左右，每穗粒数 123 粒左右，粒长形，千粒重 24.2 克左右。

龙稻 111

审定编号：黑审稻 20190041

审定日期：2019 年 5 月 9 日

植物新品种权授权日期：2020 年 12 月 31 日

植物新品种权号：CNA20183543.4

适宜地区：黑龙江省≥10℃活动积温 2100℃区域

完成单位：耕作栽培研究所

完成人员：孙世臣

转化金额：41.4 万元

转化方式：许可

受让方：黑龙江瑞航农业科技服务有限公司

合同起止时间：2019 年 12 月 12 日—2022 年 12 月 1 日

特征特性：普通水稻品种。在适应区出苗至成熟生育日数 121 天左右，需≥10℃活动积温 2100℃左右。主茎 10 片叶，株高 85.9 厘米左右，穗长 15.4 厘米左右，每穗粒数 62 粒左右，粒长形，千粒重 25.5 克左右。

龙稻 115

审定编号：国审稻 20180080

审定日期：2018 年 9 月 17 日

适宜地区：黑龙江省第二积温带上限、吉林省早熟稻区、内蒙古兴安盟南部地区

完成单位：耕作栽培研究所

完成人员：孙世臣

转化金额：82.5 万元

转化方式：许可

受让方：黑龙江倍丰种业有限公司

合同起止时间：2018 年 11 月 5 日至品种权终止

特征特性：粳型常规水稻品种。在早粳中熟组种植，全生育期 142.6 天，比对照品种龙稻 20 早熟 0.7 天。株高 113.9 厘米，穗长 19.4 厘米，每亩有效穗数 26.5 万穗，每穗总粒数 131 粒，结实率 88.5%，千粒重 24.4 克。品质分析结果：整精米率 65.2%，垩白粒率 13.7%，垩白度 2.7%，直链淀粉含量 16.1%，胶稠度 62 毫米，长宽比 2.1，达到农业行业《食用稻品种品质》标准三级。抗病接种鉴定结果：稻瘟病综合指数两年分别为 2.5、3.3，穗颈瘟损失率最高级 5 级，中感稻瘟病。

龙稻 201

审定编号：黑审稻 20190009

审定日期：2019 年 5 月 9 日

植物新品种权授权日期：2018 年 11 月 1 日

植物新品种权号：CNA022360E

适宜地区：黑龙江省≥10℃活动积温 2725℃区域

完成单位：耕作栽培研究所

完成人员：王麒 张立新 曾宪楠 冯延江 孙羽 宋秋来 季代丽 张小明 王曼力

转化金额：21 万元

转化方式：许可

受让方：佳木斯市万庆种业有限公司

合同起止时间：2019 年 9 月 10 日至植物新品种权终止

特征特性：普通粳稻品种。在适应区出苗至成熟生育日数 145 天左右，需≥10℃活动积温 2725℃左右。主茎 14 片叶，株高 96 厘米左右，穗长 17.1 厘米左右，每穗粒数 103 粒左右，粒长形，千粒重 25.9 克左右。

产量表现：2016 年区域试验 7 点次，平均公顷产量 8404 千克，较对照品种松粳 9 号增产 7.4%；2017 年区域试验 8 点次，平均公顷产量 8499.7 千克，较对照品种松粳 9 号增产 7.8%。2016—2017 年区域试验平均公顷产量 8451.9 千克，较对照品种松粳 9 号增产 7.6%；2018 年生产试验平均公顷产量 8399.8 千克，较对照品种松粳 9 号增产 7.4%。

龙稻 202

审定编号：国审稻 20180081

审定日期：2018 年 9 月 17 日

植物新品种权授权日期：2018 年 5 月 1 日

植物新品种权号：CNA019989E

适宜地区：黑龙江省第二积温带上限、吉林省早熟稻区、内蒙古兴安盟中南部地区

完成单位：耕作栽培研究所

完成人员：王麒 曾宪楠 宋秋来 孙羽 冯延江

转化金额：80 万元

转化方式：许可

受让方：五常市耕耘者农业科技有限公司

合同起止时间：2018 年 12 月 10 日至品种权终止

特征特性：粳型常规水稻品种。在早粳中熟组种植，全生育期 143.4 天，与对照品种龙稻 20 相当。株高 103 厘米，穗长 18.1 厘米，每亩有效穗数 27.5 万穗，每穗总粒数 118.6 粒，结实率 89.5%，千粒重 24.1 克。

产量表现：2016 年参加早粳中熟组区域试验，平均亩产 600.04 千克，比对照品种龙稻 20 增产 7.90%；2017 年续试，平均亩产 583.67 千克，比对照品种龙稻 20 增产 11.76%。两年区域试验平均亩产 592.33 千克，比对照品种龙稻 20 增产 9.66%；2017 年生产试验平均亩产 615.7 千克，比对照品种龙稻 20 增产 13.28%。

龙稻 203

审定编号：黑审稻 20200053

审定日期：2020 年 7 月 15 日

植物新品种权授权日期：2020 年 5 月 1 日

植物新品种权号：CNA030964E

适宜地区：黑龙江省第一积温带≥10℃活动积温 2700℃区域

完成单位：耕作栽培研究所

完成人员：王麒 曾宪楠 宋秋来 孙羽 冯延江 孙兵 王曼力 张小明 夏天舒

转化金额：53 万元

转化方式：许可

受让方：五常市耕耘者农业科技有限公司

合同起止时间：2020 年 10 月 20 日至品种权终止

特征特性：香稻品种。在适应区出苗至成熟生育日数 140 天左右，需≥10℃活动积温 2700℃左右。主茎 13 片叶，株高 93.8 厘米左右，穗长 19.8 厘米左右，每穗粒数 123 粒左右，粒长形，千粒重 25.9 克左右。

产量表现：2017 年区域试验 8 点次，平均公顷产量 8078.1 千克，较对照品种龙稻 18 增产 5.9%；2018 年区域试验 8 点次，平均公顷产量 7923.3 千克，较对照品种哈粳稻 2 号增产 7.4%。2017—2018 年区域试验平均公顷产量 8000.7 千克，较对照品种哈粳稻 2 号增产 6.7%；2019 年生产试验平均公顷产量 7780.7 千克，较对照品种哈粳稻 2 号增产 8%。

龙稻 208

审定编号： 黑审稻 20200051

审定日期： 2020 年 7 月 15 日

植物新品种权授权日期： 2019 年 9 月 1 日

植物新品种权号： CNA027126E

适宜地区： 黑龙江省第一积温带≥10℃活动积温 2800℃区域

完成单位： 耕作栽培研究所

完成人员： 王麒 张立新 曾宪楠 孙羽 宋秋来 冯延江 季代丽 王曼力 张小明

转化金额： 43 万元

转化方式： 许可

受让方： 黑龙江尊科农业科技发展有限公司

合同起止时间： 2020 年 8 月 13 日至品种权终止

特征特性： 香稻品种。在适应区出苗至成熟生育日数 144 天左右，需≥10℃活动积温 2800℃左右。主茎 14 片叶，株高 100.3 厘米左右，穗长 20.8 厘米左右，每穗粒数 130 粒左右，粒长形，千粒重 26.5 克左右。

产量表现： 2018 年区域试验 8 点次，平均公顷产量 7905.1 千克，较对照品种松粳 22 增产 6.7%；2019 年区域试验 8 点次，平均公顷产量 8057.4 千克，较对照品种松粳 22 增产 7.1%。2018—2019 年区域试验平均公顷产量 7981.3 千克，较对照品种松粳 22 增产 6.9%；2019 年生产试验平均公顷产量 8016.5 千克，较对照品种松粳 22 增产 6.9%。

龙稻 124

审定编号：黑审稻 20200065

审定日期：2020 年 7 月 15 日

适宜地区：黑龙江省≥10℃活动积温 2700℃区域

完成单位：耕作栽培研究所

完成人员：孙世臣

转化金额：33 万元

转化方式：许可

受让方：绥化市中信种业有限责任公司

合同起止时间：2020 年 11 月 1 日—2024 年 4 月 30 日

特征特性：普通稻品种。在适应区出苗至成熟生育日数 143 天左右，需≥10℃活动积温 2700℃左右。主茎 14 片叶，株高 99.3 厘米左右，穗长 18.5 厘米左右，每穗粒数 127 粒左右，粒长形，千粒重 26.4 克左右。两年品质分析结果：出糙率 80.5%～80.6%，整精米率 62.3%～64.3%，垩白粒率 3%～6%，垩白度 0.8%～1.3%，直链淀粉含量（干基）17.9%～18.97%，胶稠度 81～82 毫米，粗蛋白（干基）6.12%～7.08%，食味品质 85～87 分，达到国家《优质稻谷》标准二级。两年抗病接种鉴定结果：叶瘟 3～4 级，穗颈瘟 3～5 级。两年耐冷性鉴定结果：处理空壳率 11.27%～22.26%。

龙稻 1602

审定编号：黑审稻 20190055

审定日期：2019 年 5 月 9 日

植物新品种权授权日期：2020 年 12 月 31 日

植物新品种权号：CNA20173683.5

适宜地区：黑龙江省≥10℃活动积温 2350℃区域

完成单位：耕作栽培研究所

完成人员：孙世臣

转化金额：103 万元

转化方式：许可

受让方：黑龙江大棚农业有限公司

合同起止时间：2020 年 11 月 1 日—2025 年 4 月 30 日

特征特性：普通粳稻品种。在适应区出苗至成熟生育日数 130 天左右，需≥10℃活动积温 2350℃左右。主茎 11 片叶，株高 87 厘米左右，穗长 18.6 厘米左右，每穗粒数 95 粒左右，粒长形，千粒重 26.5 克左右。三年品质分析结果：出糙率 80.4%，整精米率 67.9%，垩白粒率 6%，垩白度 1.1%，直链淀粉含量（干基）17%，胶稠度 80.7 毫米，食味品质 85 分，粗蛋白（干基）6.4%，达到国家《优质稻谷》标准二级。三年抗病接种鉴定结果：叶瘟 3 级，穗颈瘟 1～5 级。三年耐冷性鉴定结果：处理空壳率 19.3%～28.3%。

第二章 玉米

合玉 27

审定编号：黑审玉 2016035

审定日期：2016 年 5 月 16 日

适宜地区：黑龙江省第三积温带

完成单位：佳木斯分院

完成人员：蒋佰福 牛忠林 邱磊 吴丽丽 靳小春

转化金额：350 万元

转化方式：合作育种/技术服务

受让方：黑龙江田友种业有限公司

合同起止时间：2015 年 11 月 20 日—2016 年 5 月 25 日

特征特性：在适应区出苗至成熟生育日数 113 天左右，需≥10℃活动积温 2200℃左右。幼苗期第一叶鞘绿色，叶片绿色，茎绿色。株高 298 厘米，穗位高 99 厘米，成株可见 13 片叶。果穗圆柱形，穗轴红色，穗长 20 厘米，穗粗 5 厘米，穗行数 16～18 行，籽粒马齿形、黄色，百粒重 30 克。二年品质分析结果：容重 746～768 克/升，粗淀粉 71.34%～71.84%，粗蛋白 11.71%～12.15%，粗脂肪 4.09%～4.50%。三年抗病接种鉴定结果：大斑病 5～7 级，丝黑穗病发病率 8.9%～12.3%。

产量表现：2013—2014 年区域试验平均公顷产量 11021.4 千克，较对照品种克单 10 号和克玉 15 平均增产 11.2%；2015 年生产试验平均公顷产量 10847.2 千克，较对照品种克玉 15 增产 10.8%。

合823抽丝期单株

合玉 29

审定编号：黑审玉 2017014

审定日期：2017 年 5 月 31 日

植物新品种权授权日期：2019 年 12 月 19 日

植物新品种权号：CNA20161913.2

适宜地区：黑龙江省第二积温带

完成单位：佳木斯分院

完成人员：蒋佰福 牛忠 林邱磊 吴丽丽 靳小春

转化金额：150 万元

转化方式：合作育种/技术服务

受让方：黑龙江田友种业有限公司

合同起止时间：2016 年 5 月 1 日—2018 年 5 月 31 日

特征特性：在适应区出苗至成熟生育日数 125 天左右，需≥10℃活动积温 2500℃左右。幼苗期第一叶鞘紫色，叶片绿色，茎绿色。株高 280 厘米，穗位高 100 厘米，成株可见 16 片叶。果穗圆筒形，穗轴红色，穗长 20.4 厘米，穗粗 5.2 厘米，穗行数 14～18 行，籽粒马齿形、黄色，百粒重 38.6 克。两年品质分析结果：容重 729～774 克/升，粗淀粉 73.18%～74.81%，粗蛋白 8.91%～10.43%，粗脂肪 3.56%～4.19%。三（两）年抗病接种鉴定结果：大斑病 5 级，丝黑穗病发病率 3%～15%。

产量表现：2014—2015 年区域试验平均公顷产量 11662.7 千克，较对照品种鑫鑫 1 号增产 8.8%；2016 年生产试验平均公顷产量 11029.8 千克，较对照品种鑫鑫 1 号增产 6.09%。

龙育 168

审定编号：黑审玉 2016.16

审定日期：2016 年 5 月 16 日

适宜地区：黑龙江省第一积温带

完成单位：草业研究所

完成人员：孙德全 李绥艳 林红等

转化金额：220 万元

转化方式：转让

受让方：吕守义

合同起止时间：2017 年 9 月至品种权失效

特征特性：具有高产、优质、适应性广、抗倒伏、活秆成熟、商品品质好、后期脱水快等特点。两年品质分析结果：容重 762～776 克/升，粗淀粉 71.80%～73.43%，粗蛋白 10.98%～11.05%，粗脂肪 4.11%～4.16%。三年抗病接种鉴定结果：中抗至中感大斑病，丝黑穗病发病率 8.7%～20.8%。

产量表现：2013—2014 年参加普通玉米二区区域试验，平均公顷产量 11394.1 千克，比对照品种誉成 1 号平均增产 0.8%；2015 年参加普通玉米二区生产试验，平均公顷产量 11720.3 千克，比对照品种誉成 1 号平均增产 7.6%。

龙育 801

成果名称：龙育 801

审定编号：黑审玉 20190049

审定日期：2019 年 5 月 9 日

适宜地区：黑龙江省第二积温带

完成单位：草业研究所

完成人员：马延华 孙德全 李绥艳等

转化金额：70 万元

转化方式：转让

受让方：丁天冬

合同起止时间：2019 年 5 月至品种权失效

特征特性：高产、优质、抗逆，宜机收的新品种。在适应区出苗至成熟生育日数 117 天左右，需≥10℃活动积温 2300℃左右。

产量表现：2015 年在全省各适应区进行异地鉴定试验，平均公顷产量 11679.5 千克，比对照品种德美亚 3 号增产 14.7%；2017—2018 年参加黑龙江省第二积温带机收组生产试验，平均公顷产量 10368.2 千克，比对照品种德美亚 3 号增产 11.3%。

嫩单 23

审定编号：黑审玉 20190013

审定日期：2019 年

适宜地区：黑龙江省≥10℃活动积温 2650℃的区域

完成单位：齐齐哈尔分院

完成人员：马宝新 刘海燕 孙善文 王俊强 韩业辉 于运凯 许健 孙培元 周超

转化金额：50 万元

转化方式：许可

受让方：齐齐哈尔市富尔农艺有限公司

合同起止时间：2019 年 8 月 10 日至品种退出市场

特征特性：株高 277 厘米，穗位高 108 厘米，成株可见 17 片叶。雄穗花药黄色，花丝黄色。果穗圆筒形，穗轴红色，穗长 20 厘米，穗粗 4.9 厘米，穗行数 14～16 行，籽粒偏马齿形、黄色，百粒重 38 克。

龙辐玉 10 号

审定编号： 黑审玉 2018033

审定日期： 2018 年 4 月 25 日

适宜地区： 黑龙江省第三积温带≥10℃活动积温 2350℃的区域

完成单位： 玉米研究所

转化金额： 100 万元

转化方式： 许可

受让方： 双鸭山市龙江种业有限责任公司

合同起止时间： 2018 年 5 月至退出市场

特征特性： 在适应区出苗至成熟生育日数 113 天左右，需≥10℃活动积温 2270℃左右。株高 280 厘米，穗位高 100 厘米。果穗圆锥形，穗轴红色，穗长 20 厘米，穗粗 4.7 厘米，穗行数 14～18 行，籽粒偏马齿形、黄色，百粒重 37.2 克。两年品质分析结果：容重 788～792 克/升，粗淀粉 73.27%～73.93%，粗蛋白 10.85%～11.14%，粗脂肪 3.34%～3.71%。适宜种植密度每公顷 7.5 万株。

江单 9 号

审定编号：黑审玉 2018007

审定日期：2018 年 4 月 25 日

适宜地区：黑龙江省第二积温带≥10℃活动积温 2650℃区域

完成单位：玉米研究所

转化金额：50 万元

转化方式：许可

受让方：黑龙江大鹏农业有限公司

合同起止时间：2018 年 6 月 22 日至品种权终止

特征特性：普通玉米品种。在适应区出苗至成熟生育日数 122 天左右，需≥10℃活动积温 2500℃左右。幼苗期第一叶鞘紫色，叶片绿色，茎绿色。株高 290 厘米，穗位高 110 厘米，成株可见 16 片叶。果穗圆筒形，穗轴红色，穗长 20.4 厘米，穗粗 5 厘米，穗行数 14～16 行，籽粒偏马齿形、黄色，百粒重 40 克。两年品质分析结果：容重 769～784 克/升，粗淀粉 72.64%～73.83%，粗蛋白 10.55%～10.83%，粗脂肪 4.21%～4.55%。三年抗病接种鉴定结果：中抗至中感大斑病，丝黑穗病发病率 6.8%～16.5%。

母本：HRM8　黑 285　父本：HRU322

江单 13

审定编号：黑审玉 2018036

审定日期：2018 年 4 月 25 日

适宜地区：黑龙江省第三积温带≥10℃活动积温 2350℃区域

完成单位：玉米研究所

转化金额：52 万元

转化方式：许可

受让方：黑龙江天利种业有限公司

合同起止时间：2018 年 5 月 30 日至品种权终止

特征特性：在适应区出苗至成熟生育日数 113 天左右，需≥10℃活动积温 2200℃左右。幼苗期第一叶鞘紫色，叶片绿色，茎绿色。株高 290 厘米，穗位高 100 厘米，成株可见 13 片叶。果穗圆筒形，穗轴白色，穗长 19 厘米，穗粗 4.9 厘米，穗行数 14～16 行，籽粒偏硬粒型、黄色，百粒重 35 克。两年品质分析结果：容重 771～790 克/升，粗淀粉 73.78%～74.52%，粗蛋白 10.27%～10.34%，粗脂肪 3.67%～3.99%。三年抗病接种鉴定结果：感大斑病，丝黑穗病发病率 7.7%～20.5%。

母本：HR9214　黑 458　父本：HRM1

龙单 106

审定编号：黑审玉 20190048

审定日期：2019 年 5 月 9 日

适宜地区：黑龙江省第二积温带≥10℃活动积温 2500℃区域

完成单位：玉米研究所

转化金额：50 万元

转化方式：许可

受让方：黑龙江省农业恒洲发展有限公司

合同起止时间：2019 年 1 月 25 日至品种退出市场

特征特性：在适应区出苗至成熟生育日数 117 天左右，需≥10℃活动积温 2300℃左右。幼苗期第一叶鞘紫色，叶片绿色，茎绿色。株高 275 厘米，穗位高 100 厘米，成株可见 15 片叶。果穗圆柱形，穗轴粉红色，穗长 22 厘米，穗粗 5.1 厘米，穗行数 16～18 行，籽粒中齿形、黄色，百粒重 37.5 克。两年品质分析结果：容重 799 克/升，粗淀粉 71.9%，粗蛋白 10.95%，粗脂肪 3.63%。三年抗病接种鉴定结果：中感大斑病，丝黑穗病发病率 18.1%～21.3%，茎腐病发病率 0～1.2%。

龙单 118

审定编号：黑审玉 20190041

审定日期：2019 年 5 月 9 日

适宜地区：黑龙江省第一积温带≥10℃活动积温 2700℃区域

完成单位：玉米研究所

转化金额：50 万元

转化方式：许可

受让方：吉林省远科农业开发有限公司

合同起止时间：2019 年 9 月 19 日至品种退出市场

特征特性：在适应区出苗至成熟生育日数 122 天左右，需≥10℃活动积温 2500℃左右。幼苗期第一叶鞘紫色，叶片绿色，茎绿色。株高 265 厘米，穗位高 105 厘米，成株可见 16 片叶。果穗圆柱形，穗轴粉红色，穗长 20 厘米，穗粗 4.4 厘米，穗行数 18～20 行，籽粒中齿形、黄色，百粒重 35.2 克。两（三）年品质分析结果：容重 793 克/升，粗淀粉 70.98%，粗蛋白 13.16%，粗脂肪 4.81%。三年抗病接种鉴定结果：大斑病 5+～7 级，丝黑穗病发病率 21.7%～24.5%，茎腐病（两年）发病率 2.2%～3.8%。

中龙玉 6 号

审定编号： 黑审玉 20190030

审定日期： 2019 年 5 月 9 日

适宜地区： 黑龙江省第四积温带≥10℃活动积温 2200℃区域

完成单位： 玉米研究所

转化金额： 280 万元

转化方式： 许可

受让方： 安徽丰达种业股份有限公司

合同起止时间： 2017 年 10 月 22 日至品种退出市场

特征特性： 在适应区出苗至成熟生育日数为 113 天左右，需≥10℃活动积温 2200℃左右。幼苗期第一叶鞘紫色，叶片绿色，茎绿色。株高 275 厘米，穗位高 100 厘米，成株可见 15 片叶。果穗圆柱形，穗轴白色，穗长 21.5 厘米，穗粗 5.1 厘米，穗行数 14～18 行，籽粒中硬型、黄色，百粒重 38.2 克。两年品质分析结果：容重 787～788 克/升，粗淀粉 74.50%～74.74%，粗蛋白 11.35%～12.14%，粗脂肪 3.39%～3.68%。三（两）年抗病接种鉴定结果：大斑病 5+～7 级，丝黑穗病发病率 7.6%～12.4%。

克玉 19

审定编号：黑审玉 2018034

审定日期：2018 年 4

适宜地区：黑龙江省第三积温带

完成单位：克山分院

完成人员：刘兴焱 何长安 纪春学 杨耿斌 王辉 张恒 程睿钰 乔东 陈国辉

获奖情况：齐齐哈尔市嫩江流域农业科学技术一等奖

转化金额：155 万元

转化方式：许可

受让方：黑龙江国宇农业有限公司

合同起止时间：2015 年 3 月 5 日至退出市场

特征特性：早熟玉米品种。在适应区出苗至成熟生育日数 113 天左右，需≥10℃活动积温 2200℃左右。幼苗期第一叶鞘紫色，叶片绿色，茎绿色。株高 246 厘米，穗位高 83 厘米，成株可见 13 片叶。果穗圆柱形，穗轴白色，穗长 21.5 厘米，穗粗 4.6 厘米，穗行数 16～18 行，籽粒偏硬粒型、黄色，百粒重 36 克。两年品质分析结果：容重 765～771 克/升，粗淀粉 72.70%～73.58%，粗蛋白 9.97%～10.10%，粗脂肪 4.89%～5.25%。三年抗病接种鉴定结果：大斑病 7 级，丝黑穗病发病率 15.6%～19.3%。

产量表现：2015—2016 年区域试验平均公顷产量 10929 千克（728.6 千克/亩），较对照品种克玉 15 增产 12.1%；2017 年生产试验平均公顷产量 9649.7 千克（643.3 千克/亩），较对照品种鑫科玉 2 号增产 12.2%。

第三章　大豆

黑农 48

审定编号：黑审豆 2004002

审定日期：2004 年 2 月

植物新品种权授权日期：2007 年 9 月 1 日

植物新品种权号：CNA20040442.3

适宜地区：吉林省东部大豆早熟区、黑龙江省第二积温带

完成单位：大豆研究所

完成人员：杜维广 满为群 陈怡等

转化金额：470 万元

转化方式：许可

受让方：佳木斯先锋种业有限公司

合同起止时间：2016 年 5 月 1 日至植物新品种权终止

特征特性：在适应区出苗至成熟生育日数 118 天，需≥10℃活动积温 2350℃左右。亚有限结荚习性。株高 80～95 厘米，主茎 17 节，有分枝，紫花，长叶，灰色茸毛，荚熟为浅褐色。籽粒圆形，种皮黄色，有光泽，脐黄色，百粒重 22～25 克。品质分析结果：脂肪含量 19.05%，蛋白质含量 44.71%。抗病接种鉴定结果：中抗大豆花叶病毒病和灰斑病。

产量表现：2001—2002 年区域试验平均公顷产量 2620.5 千克，较对照品种合丰 25 和绥农 14 平均增产 7.4%；2003 年生产试验平均公顷产量 2600 千克，较对照品种绥农 14 增产 12%。

黑农 58

审定编号：黑审豆 2008005

审定日期：2008 年 9 月

植物新品种权授权日期：2014 年 3 月 1 日

植物新品种权号：CNA20070806.6

适宜地区：黑龙江省第二积温带

完成单位：大豆研究所

完成人员：满为群 栾晓燕 杜维广等

转化金额：34 万元

转化方式：许可

受让方：黑龙江省宁安市宏欣种业有限公司

合同起止时间：2016 年 5 月 1 日至植物新品种权终止

特征特性：在适应区出苗至成熟生育日数 118 天，需≥10℃活动积温 2400℃。亚有限结荚习性。株高 80～90 厘米，白花，圆叶。籽粒圆形，种皮黄色，脐黄色，百粒重 20 克。抗旱耐瘠薄，适应性广。品质分析结果：蛋白质含量 40.44%，脂肪含量 21.61%。抗病接种鉴定结果：中抗病毒病、灰斑病。

产量表现：一般亩产 200 千克，有亩产 250 千克的潜力。区域试验平均公顷产量 2360.7 千克，较对照品种合丰 50 增产 11.3%；生产试验平均公顷产量 3118.5 千克，较对照品种合丰 50 增产 11.1%。

黑农 62

审定编号：黑审豆 2010002

审定日期：2010 年 6

植物新品种权授权日期：2016 年 5 月 1 日

植物新品种权号：CNA20100172.6

适宜地区：黑龙江省第一、二积温带

完成单位：大豆研究所

完成人员：满为群 栾晓燕等

转化金额：8 万元

转化方式：许可

受让方：佳木斯先锋种业有限公司

合同起止时间：2016 年 5 月 1 日至植物新品种权终止

特征特性：高产、抗病型品种。在适应区出苗至成熟生育日数 125 天左右，需≥10°C活动积温 2510°C。无限结荚习性。株高 90 厘米，白花，圆叶，有分枝。籽粒椭圆形，种皮黄色，脐黄色，有光泽，百粒重 22 克。品质分析结果：蛋白质含量 40.36%，脂肪含量 20.73%。抗病接种鉴定结果：高抗灰斑病，中抗病毒病。

产量表现：两年区域试验平均公顷产量 2274 千克，比标准品种黑农 37 平均增产 11.5%。生产试验平均公顷产量 2847.5 千克，比标准品种黑农 51 增产 10.3%。最高公顷产量 3770 千克。

黑农 63

审定编号： 黑审豆 2010003

审定日期： 2011 年 6 月

适宜地区： 黑龙江省第二积温带

完成单位： 大豆研究所

完成人员： 刘丽君 高明杰 蒲国峰

转化金额： 27 万元

转化方式： 良种生产、经营权独家许可

受让方： 黑龙江农垦海林种子有限公司

合同起止时间： 2017 年 6 月 19 日至植物新品种权终止

品种来源： 以哈 94012 为母本、哈交 21188-19 为父本，经有性杂交，系谱法选育而成。

特征特性： 在适应区出苗至成熟生育日数 125 天左右，需≥10℃活动积温 2600℃左右。品质分析结果：蛋白质含量 42.17%，脂肪含量 18.89%。抗病接种鉴定结果：抗灰斑病和花叶病毒病。

栽培要点： 在适应区 5 月上旬播种，选择无重迎茬地块种植，采用垄三或小垄密植栽培方式，保苗株数 28 万～33 万株/公顷，施有机肥 20 000 千克/公顷、磷酸二铵 115 千克/公顷、尿素 20 千克/公顷、钾肥 30 千克/公顷，生育期间根据长势追肥。在生育期间要求三铲三蹚，人工或化学除草。

产量表现： 平均公顷产量 2810.6 千克。

黑农 65

审定编号：黑审豆 2010008

审定日期：2011 年 6 月

适宜地区：黑龙江省第二积温带

完成单位：大豆研究所

完成人员：刘丽君 高明杰 蒲国峰

转化金额：45 万元

转化方式：良种生产、经营权独家许可

受让方：黑龙江农垦海林种子有限公司

合同起止时间：2017 年 6 月 19 日至植物新品种权终止

品种来源：以垦鉴七为母本、黑农 40 为父本，经有性杂交，系谱法选育而成。

特征特性：在适应区出苗至成熟生育日数 115 天左右，需≥10℃活动积温 2350℃左右。

品质分析结果：蛋白质含量 41.52%，脂肪含量 19.66%。抗病接种鉴定结果：高抗灰斑病。

栽培要点：在适应区 5 月上旬播种，选择无重迎茬地块种植，采用垄三或小垄密植栽培方式，保苗株数 32 万株/公顷，施有机肥 21000 千克/公顷、磷酸二铵 115 千克/公顷、尿素 20 千克/公顷、钾肥 30 千克/公顷。

产量表现：生产试验平均公顷产量 2684.5 千克。

黑农 66

审定编号：黑审豆 2011005

审定日期：2011 年 5 月

植物新品种权授权日期：2015 年 7 月 1 日

植物新品种权号：CNA20110162.7

适宜地区：黑龙江省第二、三积温带

完成单位：大豆研究所

完成人员：满为群 栾晓燕 刘鑫磊等

转化金额：20 万元

转化方式：许可

受让方：宁安市宏欣种业有限公司

合同起止时间：2020 年 5 月 1 日至品种权终止

特征特性：高产、优质型品种。在适应区出苗至成熟生育日数 120 天，需≥10℃活动积温 2400℃。亚有限结荚习性。株高 90 厘米，白花，尖叶，灰毛。百粒重 22 克。品质分析结果：蛋白质含量 39.29%，脂肪含量 21.78%。抗病接种鉴定结果：中抗大豆灰斑病、病毒病。

产量表现：两年区域试验平均公顷产量 2657.8 千克，较对照品种黑农 44 增产 10.1%；生产试验平均公顷产量 2774.6 千克，较对照品种增产 15%。最高公顷产量 3432.4 千克。

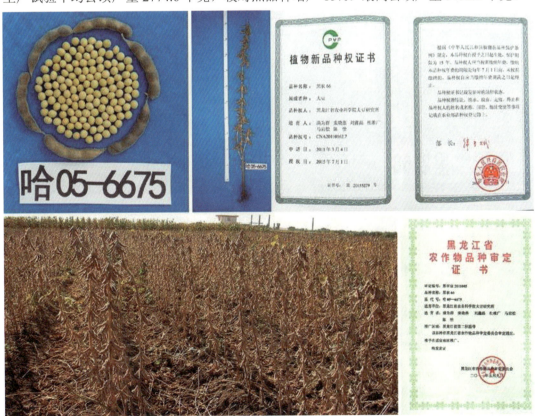

黑农 68

审定编号：黑审豆 2011009

审定日期：2011 年 5 月

植物新品种权授权日期：2015 年 7 月 1 日

植物新品种权号：CNA20110163.6

适宜地区：黑龙江省第二积温带

完成单位：大豆研究所

完成人员：栾晓燕 满为群 杜维广等

获奖情况：黑龙江省科技进步二等奖

转化金额：80 万元

转化方式：许可

受让方：佳木斯先锋种业有限公司

合同起止时间：2016 年 5 月 1 日至植物新品种权终止

特征特性：在适应区出苗至成熟生育日数 115 天左右，需≥10℃活动积温 2350℃左右。亚有限结荚习性。株高 80 厘米左右，无分枝，白花，圆叶，灰色茸毛，荚微弯镰形，成熟时呈褐色。种子椭圆形，种皮黄色，种脐黄色，无光泽，百粒重 21 克左右。品质分析结果：蛋白质含量 37.14%，脂肪含量 22.33%。抗病接种鉴定结果：中抗灰斑病。

产量表现：2008—2009 年区域试验平均公顷产量 2360.7 千克，较对照品种合丰 50 增产 11.3%；2010 年生产验平均公顷产量 3118.5 千克，较对照品种合丰 50 增产 11.1%。

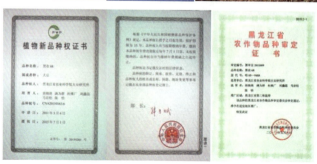

黑农 69

审定编号： 黑审豆 2012001

审定日期： 2012 年 4 月

适宜地区： 黑龙江省第一、二积温带及吉林、内蒙古、新疆等地

完成单位： 大豆研究所

完成人员： 栾晓燕 满为群 刘鑫磊等

转化金额： 30 万元

转化方式： 许可

受让方： 宁安市宏欣种业有限公司

合同起止时间： 2020 年 5 月 1 日至品种权终止

特征特性： 在适应区出苗至成熟生育日数 125 天左右，需≥10℃活动积温 2600℃左右。亚有限结荚习性。株高 90 厘米左右，有分枝，紫花，尖叶，灰色茸毛，荚微弯镰形，成熟时呈褐色。种子椭圆形，种皮黄色，种脐黄色，有光泽，百粒重 20 克左右。品质分析结果：蛋白质含量 40.63%，脂肪含量 21.94%。抗病接种鉴定结果：中抗灰斑病。

产量表现： 2009—2010 年区域试验平均公顷产量 2969.4 千克，较对照品种黑农 51 增产 9.3%；2011 年生产试验平均公顷产量 3043.7 千克，较对照品种黑农 53 增产 10.8%。

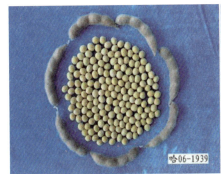

黑农 71

审定编号：黑审豆 2015001

审定日期：2015 年 5 月

植物新品种权授权日期：2016 年 11 月 1 日

植物新品种权号：CNA20150738.8

适宜地区：黑龙江省第一、二积温带上限

完成单位：大豆研究所

完成人员：栾晓燕 刘鑫磊等

转化金额：50 万元

转化方式：许可

受让方：黑龙江田友种业有限公司

合同起止时间：2016 年 5 月 1 日至植物新品种权终止

特征特性：在适应区出苗至成熟生育日数 124 天左右，需≥10℃活动积温 2500℃左右。亚有限结荚习性。株高 90 厘米左右，有分枝，白花，尖叶，灰色茸毛，荚微弯镰形，成熟时呈褐色。种子圆形，种皮黄色，种脐黄色，有光泽，百粒重 23 克左右。品质分析结果：蛋白质含量 39.60%，脂肪含量 20.82%。抗病接种鉴定结果：中抗灰斑病。

产量表现：2012—2013 年区域试验平均公顷产量 3099.2 千克，较对照品种黑农 53 增产 9.7%；2014 年生产试验平均公顷产量 3180.8 千克，较对照品种黑农 53 增产 9.7%。

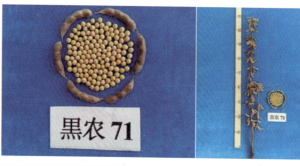

黑农 84

审定编号：黑审豆 2017005

审定日期：2017 年 5 月

适宜地区：黑龙江省第二、三积温带上限

完成单位：大豆研究所

完成人员：栾晓燕 刘鑫磊等

转化金额：500 万元

转化方式：许可

受让方：黑龙江省龙科种业集团有限公司

合同起止时间：2019 年 1 月 1 日—2024 年 6 月 1 日

特征特性：高蛋白、多抗、高产品种。在适应区出苗至成熟生育日数 119 天，需≥10℃ 活动积温 2400℃。亚有限结荚习性。株高 95 厘米，紫花，尖叶，灰色茸毛。籽粒圆形，种皮黄色，种脐黄色，百粒重 23 克。品质分析结果：蛋白质含量 42.58%，脂肪含量 19.84%。抗病接种鉴定结果：中抗灰斑病，高抗病毒病、耐胞囊线虫病。

产量表现：区域试验平均公顷产量 3135.2 千克，较对照品种绥农 28 增产 12.2%；生产试验平均公顷产量 2890.8 千克，较对照品种绥农 28 增产 13%。最高公顷产量 3846 千克。

黑农 86

审定编号：黑审豆 20190008

审定日期：2019 年 5 月

植物新品种权授权日期：2020 年 7 月 27 日

植物新品种权号：CNA2091002679

适宜地区：黑龙江省第二积温带

完成单位：大豆研究所

完成人员：栾晓燕 刘鑫磊等

转化金额：79 万元

转化方式：许可

受让方：宁安市宏欣种业有限公司

合同起止时间：2020 年 5 月 1 日至品种权终止

特征特性：高产、高蛋白品种。在适应区出苗至成熟生育日数 118 天，需≥10℃活动积温 2350℃。亚有限结荚习性。株高 90 厘米，紫花，尖叶，灰色茸毛。百粒重 22 克。品质分析结果：蛋白质含量 41.74%，脂肪含量 20.37%。抗病接种鉴定结果：中抗大豆灰斑病、病毒病。

产量表现：区域试验平均公顷产量 2899.2 千克，较对照品种合丰 50 增产 5.5%；生产试验平均公顷产量 3313.2 千克，较对照品种合丰 50 增产 9.2%。

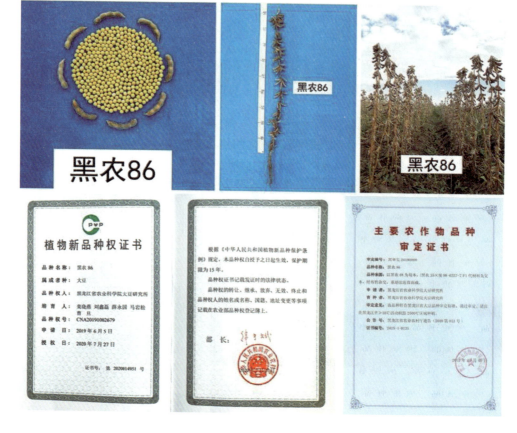

黑农 87

审定编号：黑审豆 2017014

审定日期：2017 年 5 月

适宜地区：黑龙江省第二、三积温带

完成单位：大豆研究所

完成人员：栾晓燕 来永才等

转化金额：110 万元

转化方式：许可

受让方：黑龙江田友种业有限公司

合同起止时间：2020 年 5 月 1 日至品种权终止

特征特性：高油、高产品种。在适应区出苗至成熟生育日数 115 天左右。品质分析结果：蛋白质含量 37.02%，脂肪含量 23.19%。抗病接种鉴定结果：中抗灰斑病、病毒病。

产量表现：区域试验平均公顷产量 3054.7 千克，较对照品种合丰 50 增产 6.2%；生产试验平均公顷产量 2942 千克，较对照品种合丰 50 增产 10.5%。

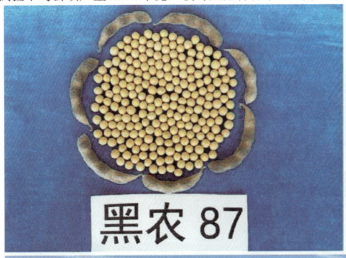

黑科 56

审定编号：黑审豆 2015019

审定日期：2015 年 5 月 14 日

植物新品种权授权日期：2016 年 11 月 1 日

植物新品种权号：CNA20140402.4

适宜地区：黑龙江省第六积温带

完成单位：黑河分院

完成人员：闫洪睿 徐鹏飞 张雷 鹿文成 梁吉利 贾洪昌 韩德志 朱海芳 张立军

转化金额：54 万元

转化方式：许可

受让方：嫩江中储粮北方农业技术推广有限公司

合同起止时间：2014 年 12 月 1 日—2020 年 5 月 1 日

转化金额：25 万元

转化方式：许可

受让方：孙吴县鑫农种业有限责任公司

合同起止时间：2017 年 5 月 1 日—2022 年 5 月 1 日

转化金额：16 万元

转化方式：许可

受让方：嫩江县圣源种子粮食加工有限公司

合同起止时间：2020 年 5 月 24 日—2023 年 5 月 31 日

特征特性：在适应区出苗至成熟生育日数 105 天左右，需≥10℃活动积温 2030℃左右。亚有限结荚习性。株高 75 厘米左右，有分枝，白花，长叶，灰色茸毛，荚镰刀形，成熟时呈褐色。籽粒圆形，种皮黄色，种脐浅黄色，有光泽，百粒重 19 克左右。三年品质分析结果：蛋白质含量 41.43%，脂肪含量 18.56%。三年抗病接种鉴定结果：抗或中抗灰斑病。

产量表现：2012—2014 年黑龙江省区域试验 18 点次全部增产，增产率 100%；平均公顷产量 2151 千克，较对照品种华疆 2 号增产 11.8%。2014 年黑龙江省生产试验 6 点次全部增产，增产率 100%；平均公顷产量 2265.9 千克，较对照品种华疆 2 号增产 16.1%。

黑科 60

审定编号：国审豆 20180003

审定日期：2018 年 9 月 17 日

植物新品种权授权日期：2019 年 12 月 19 日

植物新品种权号：CNA20172567.8

适宜地区：黑龙江省第四积温带

完成单位：黑河分院

完成人员：闫洪睿 张雷 鹿文成 梁吉利 贾洪昌 韩德志

转化金额：280 万元

转化方式：许可

受让方：五大连池市东农种业有限责任公司

合同起止时间：2020 年 5 月 3 日—2026 年 5 月 31 日

特征特性：在适应区出苗至成熟生育日数 113 天左右，需≥10℃活动积温 2130℃左右。亚有限结荚习性。株高 75 厘米左右，有分枝，紫花，长叶，灰色茸毛，荚镰刀形，成熟时呈褐色。籽粒圆形，种皮黄色，种脐浅黄色，有光泽，百粒重 19 克左右。品质分析结果：粗蛋白含量 40.04%，粗脂肪含量 20.21%。抗病接种鉴定结果：中抗灰斑病。

产量表现：国家：2016—2017 年参加北方春大豆极早熟组品种区域试验，两年平均亩产 150.3 千克，比对照品种黑河 45 增产 8.9%；2017 年生产试验，平均亩产 174.4 千克，比对照品种黑河 45 增产 12.4%。黑龙江省：2015—2016 年区域试验平均公顷产量 2305.9 千克，较对照品种黑河 43 增产 11.3%；2017—2018 年生产试验平均公顷产量 2762.4 千克，较对照品种黑河 43 增产 12.8%。

黑河 38

审定编号：黑审豆 2005007

审定日期：2005 年 4 月 18 日

植物新品种权授权日期：2007 年 5 月 1 日

植物新品种权号：CNA20030060.1

适宜地区：黑龙江省第四、五、六积温带

完成单位：黑河分院

完成人员：魏新民 吴纪安 谭娟 王忠跃 陈祥金 郭儒东 万立华

获奖情况：黑龙江省人民政府三等奖

转化金额：350 万元

转化方式：许可

受让方：黑龙江省广民种业有限责任公司

合同起止时间：2011 年 3 月 1 日—2020 年 12 月 30 日

特征特性：在适应区出苗至成熟生育日数 117 天左右，需≥10℃活动积温 2150℃左右。有限结荚习性。株高 75 厘米左右，株型繁茂收敛，主茎 15 节左右，紫花，尖叶，灰茸毛。籽粒圆形、黄色，种脐淡黄，有光泽，百粒重 18.5 克左右。秆强，成熟时不炸荚，适于机械收获。品质分析结果：蛋白质含量 39.7%，脂肪含量 20.52%。

产量表现：2001—2002 年参加全省第九生态区区域试验，11 点次增产，平均公顷产量 2811 千克，比对照品种黑河 18 增产 13.9%；2003 年参加全省生产试验，5 点次全部增产，平均公顷产量 2004.28 千克，比对照品种黑河 18 增产 12.92%。

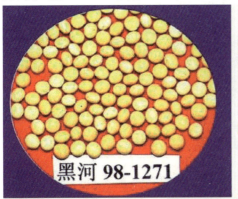

黑河 43

审定编号：黑审豆 2007011

审定日期：2007 年 1 月 27 日

植物新品种权授权日期：2010 年 7 月 1 日

植物新品种权号：CNA20070227.0

适宜地区：黑龙江省第四、五、六积温带

完成单位：黑河分院

完成人员：刘发 闫洪睿 张雷 鹿文成 梁吉利 贾洪昌 刘英华

转化金额：210 万元

转化方式：许可

受让方：山东圣丰种业科技有限公司

合同起止时间：2012 年 3 月 1 日—2018 年 3 月 1 日

特征特性：在适应区出苗至成熟生育日数 115 天左右，需≥10℃活动积温 2150℃左右。亚有限结荚习性。株高 75 厘米左右，无分枝，紫花，长叶，灰色茸毛，荚长形，成熟时呈灰色。种子圆形，种皮黄色，种脐浅黄色，有光泽，百粒重 20 克左右。品质分析结果：蛋白质含量 41.84%，脂肪含量 18.98%。抗病接种鉴定结果：中抗灰斑病。

产量表现：2004—2005 年区域试验平均公顷产量 2441.34 千克，比对照品种黑河 18 增产 8.8%；2006 年生产试验平均公顷产量 2111.2 千克，比对照品种黑河 18 增产 10.5%。

黑河 44

审定编号：黑审豆 2007012

审定日期：2007 年 1 月 27 日

植物新品种权授权日期：2017 年 9 月 1 日

植物新品种权号：CNA20141358.6

适宜地区：黑龙江省第六积温带

完成单位：黑河分院

完成人员：刘发 闫洪睿 张雷 鹿文成 梁吉利 刘英华 贾洪昌

转化金额：15 万元

转化方式：许可

受让方：孙吴县北纬四十九科技生态农业有限公司

合同起止时间：2017 年 4 月 15 日—2022 年 6 月 20 日

转化金额：5 万元

转化方式：许可

受让方：孙吴年丰种业有限公司

合同起止时间：2017 年 5 月 1 日 —2022 年 5 月 1 日

转化金额：80 万元

转化方式：许可

受让方：黑龙江省龙科种业集团有限公司黑河分公司

合同起止时间：2018 年 3 月 1 日—2020 年 10 月 1 日

特征特性：在适应区出苗至成熟生育日数 113 天左右，需≥10℃活动积温 2130℃左右。亚有限结荚习性。株高 75 厘米左右，有分枝，紫花，长叶，灰色茸毛，荚镰刀形，成熟时呈褐色。籽粒圆形，种皮黄色，种脐浅黄色，有光泽，百粒重 19 克左右。品质分析结果：粗蛋白含量 40.04%（其中 2015 年化验结果为 43.49%），粗脂肪含量 20.21%。抗病接种鉴定结果：中抗灰斑病。

产量表现：国家：2016—2017 年参加北方春大豆极早熟组品种区域试验，两年平均亩产 150.3 千克，比对照品种增产 8.9%；2017 年生产试验，平均亩产 174.4 千克，比对照品种黑河 45 增产 12.4%。黑龙江省：2015—2016 年区域试验平均公顷产量 2305.9 千克，较对照品种黑河 43 增产 11.3%；2017—2018 年生产试验平均公顷产量 2762.4 千克，较对照品种黑河 43 增产 12.8%。

黑河 46

审定编号：国审豆 2007006

审定日期：2007 年 11 月 14 日

植物新品种权授权日期：2010 年 7 月 1 日

植物新品种权号：CNA20070226.2

适宜地区：黑龙江省第四积温带

完成单位：黑河分院

完成人员：刘发闫 洪睿 张雷 鹿文成 梁吉利 贾洪昌 刘英华

获奖情况：黑龙江省农业科技进步二等奖

转化金额：150 万元

转化方式：许可

受让方：黑龙江省龙科种业集团有限公司黑河分公司

合同起止时间：2016 年 4 月 1 日—2017 年 7 月 1 日

特征特性：在适应区出苗至成熟生育日数 112 天。亚有限结荚习性。株高 74.8 厘米，长叶，紫花，单株有效荚数 27.7 个。籽粒圆形，种皮黄色，淡脐，百粒重 17.9 克。品质分析结果：粗蛋白含量 39.74%，粗脂肪含量 20.11%。抗病接种鉴定结果：中抗大豆灰斑病，抗大豆孢囊线虫病 4 号生理小种，中抗 3 号生理小种。

产量表现：2004 年参加北方春大豆早熟组品种区域试验，平均亩产 142.8 千克，比对照品种黑河 18 增产 1.6%（不显著）；2005 年续试，平均亩产 185.4 千克，比对照品种增产 11.4%（极显著）。两年区域试验平均亩产 164.1 千克，比对照品种增产 6.9%；2006 年生产试验，平均亩产 158.6 千克，比对照品种增产 8.4%。

黑河 49

审定编号：黑审豆 2008018

审定日期：2008 年 4 月 10 日

植物新品种权授权日期：2016 年 1 月 1 日

植物新品种权号：CNA20120118.1

适宜地区：黑龙江省第四、五、六积温带

完成单位：黑河分院

完成人员：闫洪睿 张雷 鹿文成 刘发 梁吉利 贾洪昌 刘英华

获奖情况：黑龙江省农业科技进步二等奖

转化金额：70 万元

转化方式：许可

受让方：黑龙江省龙科种业集团有限公司黑河分公司

合同起止时间：2017 年 4 月 30 日—2020 年 11 月 1 日

特征特性：在适应区出苗至成熟生育日数 85 天左右，需≥10℃活动积温 1750℃左右。亚有限结荚习性。株高 70 厘米左右，有分枝，白花，圆叶，灰色茸毛，荚镰刀形，成熟时呈灰色。种子圆形，种皮黄色，种脐浅黄色，有光泽，百粒重 20 克左右。品质分析结果：蛋白质含量 41.93%，脂肪含量 20.65%。抗病接种鉴定结果：抗或中抗灰斑病。

产量表现：2005—2006 年区域试验平均公顷产量 1891.9 千克，较对照品种增产 10.4%；2007 年生产试验平均公顷产量 1962.1 千克，较对照品种增产 10.6%。

黑河 51

审定编号：黑审豆 2009013

审定日期：2009 年 3 月 5 日

植物新品种权授权日期：2014 年 11 月 1 日

植物新品种权号：CNA20090019.6

适宜地区：黑龙江省第五积温带

完成单位：黑河分院

完成人员：闫洪睿 张雷 鹿文成 刘发 梁吉利 贾洪昌 韩德志 刘英华

获奖情况：黑龙江省人民政府三等奖

转化金额：20 万元

转化方式：许可

受让方：五大连池市东农种业有限责任公司

合同起止时间：2020 年 5 月 25 日—2026 年 5 月 31 日

特征特性：在适应区出苗至成熟生育日数 105 天左右，需≥10℃活动积温 2050℃左右。亚有限结荚习性。株高 75 厘米左右，有分枝，紫花，长叶，灰色茸毛，荚镰刀形，成熟时呈褐色。种子圆形，种皮黄色，种脐黄色，有光泽，百粒重 20 克左右。品质分析结果：蛋白质含量 40.23%，脂肪含量 20.40%。抗病接种鉴定结果：中抗或感灰斑病。

产量表现：2005—2006 年黑龙江省第五积温带区域试验，平均公顷产量 2249.9 千克，比对照品种黑河 17 增产 8.6%；2007—2008 年生产试验，平均公顷产量 2220.2 千克，比对照品种黑河 17 增产 10%。

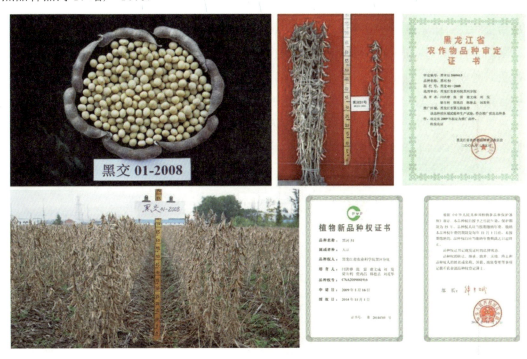

黑河 52

审定编号：黑审豆 2010014

审定日期：2010 年 3 月 11 日

植物新品种权授权日期：2020 年 9 月 30 日

植物新品种权号：CNA20100084.3

适宜地区：黑龙江省第四积温带

完成单位：黑河分院

完成人员：闫洪睿 张雷 鹿文成 梁吉利 贾洪昌 韩德志 刘发 刘英华

获奖情况：黑龙江省农业科技进步二等奖

转化金额：10 万元

转化方式：许可

受让方：黑龙江圣丰种业有限公司

合同起止时间：2018 年 3 月 1 日—2021 年 6 月 1 日

转化金额：10 万元

转化方式：许可

受让方：北大荒垦丰种业股份有限公司

合同起止时间：2019 年 2 月 20 日—2023 年 5 月 31 日

特征特性：在适应区出苗至成熟生育日数 115 天左右，需≥10℃活动积温 2150℃左右。亚有限结荚习性。株高 80 厘米左右，有分枝，紫花，长叶，灰色茸毛，荚镰刀形，成熟时呈褐色。种子圆形，种皮黄色，种脐黄色，有光泽，百粒重 20 克左右。品质分析结果：蛋白质含量 40.55%，脂肪含量 20.47%。抗病接种鉴定结果：中抗灰斑病。

产量表现：2007—2008 年黑龙江省第四积温带区域试验平均公顷产量 2092.6 千克，比对照品种黑河 18（43）增产 8.1%；2009 年生产试验平均公顷产量 2420.4 千克，比对照品种黑河 43 增产 8.5%。

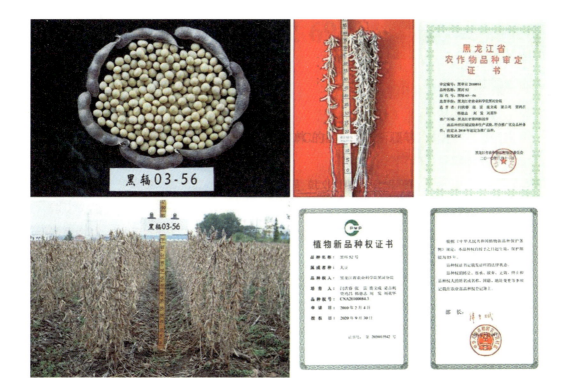

黑河 53

审定编号：黑审豆 2010015

审定日期：2010 年 3 月 11 日

植物新品种权授权日期：2020 年 9 月 30 日

植物新品种权号：CNA20100085.2

适宜地区：黑龙江省第五积温带

完成单位：黑河分院

完成人员：闫洪睿　张雷　鹿文成　梁吉利　贾洪昌　韩德志　刘发　刘英华

转化金额：10 万元

转化方式：许可

受让方：五大连池市德农种业有限公司

合同起止时间：2018 年 3 月 1 日—2023 年 5 月 1 日

转化金额：20 万元

转化方式：许可

受让方：孙吴县北纬四十九科技生态农业有限公司

合同起止时间：2020 年 5 月 25 日—2026 年 5 月 31 日

特征特性：在适应区出苗至成熟生育日数 110 天左右，需≥10℃活动积温 2100℃左右。亚有限结荚习性。株高 75 厘米左右，有分枝，白花，长叶，灰色茸毛，荚镰刀形，成熟时呈褐色。种子圆形，种皮黄色，种脐黄色，有光泽，百粒重 20 克左右。品质分析结果：蛋白质含量 40.65%，脂肪含量 19.28%。抗病接种鉴定结果：中抗灰斑病。

产量表现：2007—2008 年黑龙江省第五积温带区域试验平均公顷产量为 2512.3 千克，比对照品种黑河 17 增产 9.6%；2009 年生产试验平均公顷产量 2132.3 千克，比对照品种黑河 45 增产 11.2%。

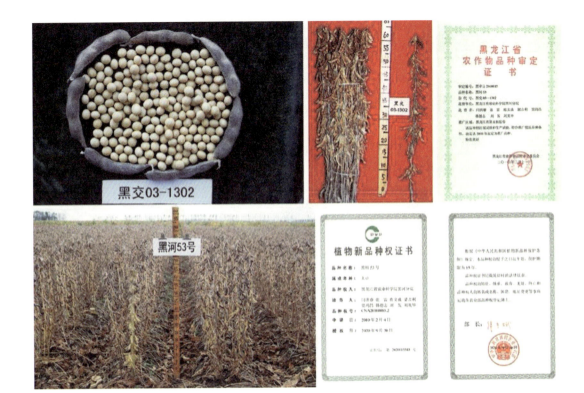

金源 55

审定编号：国审豆 2013001

审定日期：2013 年 10 月 18 日

植物新品种权授权日期：2016 年 1 月 1 日

植物新品种权号：CNA20120119.0

适宜地区：黑龙江省第四积温带

完成单位：黑河分院

完成人员：闫洪睿 张雷 鹿文成 梁吉利 贾洪昌 韩德志

转化金额：31.5 万元

转化方式：许可

受让方：北大荒垦丰种业股份有限公司

合同起止时间：2016 年 5 月 1 日—2021 年 5 月 1 日

转化金额：10 万元

转化方式：许可

受让方：讷河市德顺种业有限责任公司

合同起止时间：2017 年 5 月 1 日—2022 年 5 月 1 日

转化金额：10 万元

转化方式：许可

受让方：嫩江县圣源种子粮食加工有限公司

合同起止时间：2019 年 5 月 1 日—2024 年 5 月 1 日

特征特性：在适应区出苗至成熟生育日数 115 天。有限结荚习性。株型收敛，株高 65.2 厘米，主茎 14.4 节，有效分枝 0.2 个，长叶，白花，灰毛。底荚高度 14.5 厘米，单株有效荚数 25.7 个，单株粒数 59.9 粒，单株粒重 11.2 克。籽粒圆形，种皮黄色，有光泽，种脐浅黄色，百粒重 19.7 克。品质分析结果：粗蛋白含量 42.19%，粗脂肪含量 19.6%。抗病接种鉴定结果：中抗或中感灰斑病。

产量表现：2010—2011 年参加国家北方大区春大豆早熟组大豆品种区域试验，14 点次全增产，0 点次减产，增产点率 100%，两年平均亩产 92.8 千克，比平均值对照增产 5.9%，比黑河 43 对照增产 8.6%；2012 年生产试验，5 点次全增产，0 点次减产，增产点率 100%，平均亩产 185.8 千克，比黑河 43 对照增产 7.5%。

金源 71

审定编号：黑审豆 2016014

审定日期：2006 年 5 月 16 日

植物新品种权授权日期：2018 年 4 月 23 日

植物新品种权号：CNA20160899.2

适宜地区：黑龙江省第四、六积温带

完成单位：黑河分院

完成人员：吴纪安　陈祥金　于晓光　崔杰印　位昕禹　崔少彬　谭娟　魏然　王艳华

转化金额：180 万元

转化方式：许可

受让方：黑龙江省广民种业有限责任公司

合同起止时间：2018 年 5 月 7 日—2023 年 4 月 30 日

特征特性：在适应区出苗至成熟生育日数 99 天左右，需≥10℃活动积温 1940℃左右。亚有限结荚习性。株高 71 厘米左右，无分枝，紫花，尖叶，灰色茸毛，荚弯镰形，成熟时呈褐色。籽粒圆形，种皮黄色，种脐浅黄色，有光泽，百粒重 19.4 克左右。秆强，耐密。品质分析结果：蛋白质含量 41%，平均脂肪含量 20.08%。抗病接种鉴定结果：中抗灰斑病。

产量表现：2013—2014 年参加全省第六积温带区域试验，11 点次全部增产，平均公顷产量 1790.5 千克，比对照品种黑河 49 增产 11.4%；2015 年参加全省第六积温带生产试验，6 点次全部增产，平均公顷产量 1903.1 千克，比对照品种黑河 49 增产 11.5%。

合农 60

审定编号：黑审豆 2010010

审定日期：2010 年 1 月 20 日

适宜地区：黑龙江省第二积温带

完成单位：佳木斯分院

完成人员：郭泰 王志新 吴秀红 胡喜平 郑伟 刘忠堂 齐宁 张荣昌 吕秀珍 李灿东

获奖情况：2015 年佳木斯市科技进步一等奖

转化金额：5 万元

转化方式：许可

受让方：黑龙江田鹏种业有限公司

合同起止时间：2018 年 11 月 28 日至退出市场

特征特性：在适应区出苗至成熟生育日数 117 天左右，需≥10℃活动积温 2288.6℃左右。有限结荚习性。垄作栽培株高 40～50 厘米，窄行密植栽培株高 65～70 厘米，秆极强，有多小分枝，节间短。尖叶，白花，棕色茸毛。结荚密，三、四粒荚多，顶荚丰满，荚熟，棕褐色，弯镰形。籽粒圆形，种皮黄色，有光泽，脐黄色，百粒重 17～20 克。品质分析结果：脂肪含量 22.25%，蛋白质含量 38.47%。抗病接种鉴定结果：中抗灰斑病。

产量表现：2007—2008 年黑龙江省 10 点次区域试验[小垄窄行密植（45 厘米垄距，双行）]，平均公顷产量 3608.9 千克，较对照品种合丰 47（70 厘米垄作栽培）增产 24.3%；2009 年黑龙江省 5 点次生产试验[小垄窄行密植（45 厘米垄距，双行）]，平均公顷产量 3909.8 千克，较对照品种合丰 50（70 厘米垄作栽培）增产 25.3%。

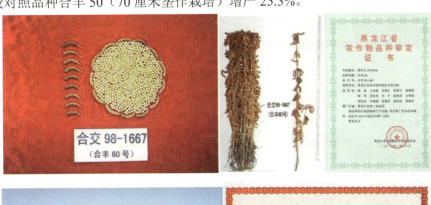

合农 65

审定编号：黑审豆 2013013

审定日期：2013 年 5 月 15 日

植物新品种权授权日期：2016 年 11 月 1 日

植物新品种权号：CNA20150780.5

适宜地区：黑龙江省第二积温带

完成单位：佳木斯分院

完成人员：郭泰　王志新　郑伟　吴秀红　胡喜平　李灿东　张振宇　刘忠堂

获奖情况：2018 年黑龙江省农业科技进步二等奖

特征特性：在适应区出苗至成熟生育日数 115 天左右。无限结荚习性。株高 87.4 厘米左右，有分枝，白花，圆叶，灰色茸毛，荚弯镰形，成熟时呈黄褐色。种子圆形，种皮黄色，种脐浅黄色，有光泽，百粒重 19 克左右。品质分析结果：蛋白质含量 38.28%，脂肪含量 21.9%。抗病接种鉴定结果：抗灰斑病。

产量表现：2010—2011 年区域试验平均公顷产量 2892.7 千克，较对照品种合丰 50 增产 11%；2012 年生产试验平均公顷产量 2501.7 千克，较对照品种合丰 50 增产 13.8%。

合农 72

审定编号：黑审豆 2018021

审定日期：2018 年 4 月 25 日

植物新品种权授权日期：2018 年 1 月 2 日

植物新品种权号：CNA20171068.4

适宜地区：黑龙江省第三积温带

完成单位：佳木斯分院

完成人员：郭泰 王志新 郑伟 李灿东 张振宇 吴秀红 赵海红 刘忠堂

转化金额：25 万元

转化方式：许可

受让方：黑龙江省龙科种业集团有限公司合丰种业分公司

合同起止时间：2018 年 5 月 1 日—2019 年 5 月 31 日

转化金额：20 万元

转化方式：许可

受让方：黑龙江省龙科种业集团有限公司合丰种业分公司

合同起止时间：2019 年 5 月 1 日—2020 年 5 月 1 日

特征特性：高油品种。在适应区出苗至成熟生育日数 115 天左右，需≥10℃活动积温 2300℃左右。亚有限结荚习性。株高 96 厘米左右，无分枝，紫花，尖叶，灰色茸毛，荚弯镰形，成熟时呈褐色。种子圆形，种皮黄色，种脐黄色，有光泽，百粒重 18.2 克左右。品质分析结果：蛋白质含量 36.38%，脂肪含量 23.42%。抗病接种鉴定结果：中抗灰斑病。

产量表现：2015—2016 年区域试验平均公顷产量 3099.1 千克，较对照品种合丰 51 增产 9.2%；2017 年生产试验平均公顷产量 3125.9 千克，较对照品种合丰 51 增产 13%。

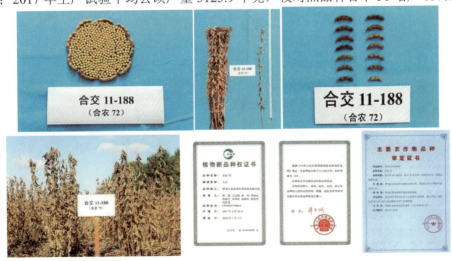

合农 73

审定编号：黑审豆 2017018

审定日期：2017 年 5 月 31 日

植物新品种权授权日期：2018 年 1 月 2 日

植物新品种权号：CNA20171069.3

适宜地区：黑龙江省第四积温带

完成单位：佳木斯分院

完成人员：郭泰 王志新 郑伟 李灿东 吴秀红 张振宇 胡喜平 刘忠堂

转化金额：115 万元

转化方式：许可

受让方：北安市兴盛种业有限责任公司

合同起止时间：2017 年 4 月 28 日至品种权终止

特征特性：在适应区出苗至成熟生育日数 114 天左右，需≥10℃活动积温 2200℃左右。亚有限结荚习性。株高 76 厘米左右，无分枝，紫花，尖叶，灰色茸毛，荚直形，成熟时呈褐色。种子圆形，种皮黄色，种脐黄色，有光泽，百粒重 17.8 克左右。品质分析结果：蛋白质含量 37.84%，脂肪含量 21.23%，蛋脂总量 59.07%。抗病接种鉴定结果：中抗灰斑病。

产量表现：2014—2015 年区域试验平均公顷产量 2615.3 千克，较对照品种黑河 43 增产 8.9%；2016 年生产试验平均公顷产量 2233.5 千克，较对照品种黑河 43 增产 11.3%。

合农 74

审定编号：黑审豆 20190005

审定日期：2019 年 5 月 9 日

植物新品种权授权日期：2020 年 12 月 31 日

植物新品种权号：CNA20181657.0

适宜地区：黑龙江省≥10℃活动积温 2600℃区域

完成单位：佳木斯分院

完成人员：郭泰 王志新 郑伟 李灿东 张振宇 吴秀红 赵海红 刘忠堂

转化金额：60 万元

转化方式：许可

受让方：黑龙江省龙科种业集团有限公司合丰种业分公司

合同起止时间：2020 年 5 月 1 日—2021 年 4 月 30 日

特征特性：高油品种。在适应区出苗至成熟生育日数 120 天左右，需≥10℃活动积温 2450℃左右。无限结荚习性。株高 101 厘米左右，有分枝，紫花，尖叶，灰色茸毛，荚直形，成熟时呈褐色。籽粒圆形，种皮黄色，有光泽，种脐黄色，百粒重 19.6 克左右。品质分析结果：蛋白质含量 37.59%，平均脂肪含量 22.23%。抗病接种鉴定结果：中抗灰斑病。

产量表现：2016—2017 年区域试验平均公顷产量 2866.6 千克，较对照品种合丰 55 增产 10.7%；2018 年生产试验平均公顷产量 2823.3 千克，较对照品种合丰 55 增产 9.5%。

合农 75

审定编号：黑审豆 2015004

审定日期：2015 年 5 月 14 日

植物新品种权授权日期：2016 年 11 月 1 日

植物新品种权号：CNA20150707.5

适宜地区：黑龙江省第二积温带

完成单位：佳木斯分院

完成人员：郭泰 王志新 郑伟 吴秀红 李灿东 张振宇 胡喜平 刘忠堂

获奖情况：2020 年黑龙江省科技进步二等奖

转化金额：80 万元

转化方式：许可

受让方：黑龙江省龙科种业集团有限公司合丰种业分公司

合同起止时间：2017 年 5 月 1 日—2018 年 5 月 31 日

转化金额：100 万元

转化方式：许可

受让方：万里鹏

合同起止时间：2017 年 5 月 31 日至品种权终止

特征特性：高油品种。在适应区出苗至成熟生育日数 118 天左右，需≥10℃活动积温 2400℃左右。亚有限结荚习性。株高 86 厘米左右，有分枝，紫花，尖叶，灰色茸毛，荚弯镰形，成熟时呈褐色。种子圆形，种皮黄色，种脐浅黄色，有光泽，百粒重 19.5 克左右。品质分析结果：蛋白质含量 36.43%，平均脂肪含量 22.92%。抗病接种鉴定结果：中抗灰斑病、菌核病，抗疫霉根腐病，抗花叶病毒病 1、3 号株系。

产量表现：2012—2013 年区域试验平均公顷产量 2923.2 千克，较对照品种绥农 28 增产 14.0%；2014 年生产试验平均公顷产量 3000.5 千克，较对照品种绥农 28 增产 12.8%。

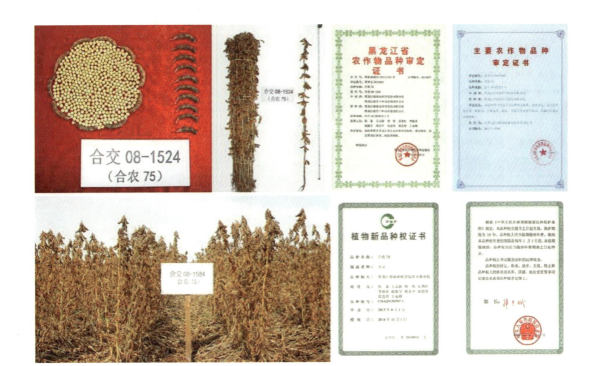

合农 76

审定编号：黑审豆 2015021

审定日期：2015 年 5 月 14 日

植物新品种权授权日期：2016 年 11 月 1 日

植物新品种权号：CNA20150708.4

适宜地区：黑龙江省第二积温带

完成单位：佳木斯分院

完成人员：郭泰 王志新 郑伟 吴秀红 李灿东 张振宇 胡喜平 刘忠堂

转化金额：80 万元

转化方式：许可

受让方：黑龙江省龙科种业集团有限公司合丰种业分公司

合同起止时间：2017 年 5 月 1 日—2018 年 5 月 31 日

转化金额：120 万元

转化方式：许可

受让方：齐齐哈尔市富尔农艺有限公司

合同起止时间：2017 年 5 月 31 日至品种权终止

特征特性：耐密植、抗病品种。在适应区出苗至成熟生育日数 115 天左右，需≥10℃活动积温 2350℃左右。亚有限结荚习性。株高 72 厘米左右，有分枝，紫花，尖叶，灰色茸毛，荚弯镰形，成熟时呈褐色。种子圆形，种皮黄色，种脐浅黄色，有光泽，百粒重约 19.3 克。品质分析结果：蛋白质含量 41.98%，平均脂肪含量 20.43%。抗病接种鉴定结果：抗灰斑病。

产量表现：2012—2013 年区域试验平均公顷产量 3046.5 千克，较对照品种合丰 50 增产 15.2%；2014 年生产试验平均公顷产量 3311.9 千克，较对照品种合丰 50 增产 16.1%。

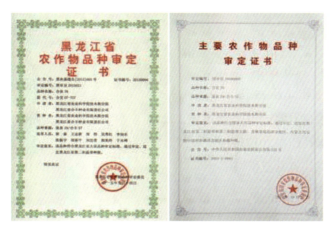

合农 77

审定编号：黑审豆 2018024

审定日期：2018 年 4 月 25 日

植物新品种权授权日期：2018 年 1 月 2 日

植物新品种权号：CNA20171070.0

适宜地区：黑龙江省第三积温带

完成单位：佳木斯分院

完成人员：郭泰 王志新 郑伟 李灿东 张振宇 吴秀红 赵海红 刘忠堂

转化金额：25 万元

转化方式：许可

受让方：黑龙江省龙科种业集团有限公司合丰种业分公司

合同起止时间：2018 年 5 月 1 日—2019 年 5 月 31 日

转化金额：20 万元

转化方式：许可

受让方：黑龙江省龙科种业集团有限公司合丰种业分公司

合同起止时间：2019 年 5 月 1 日—2020 年 5 月 1 日

转化金额：10 万元

转化方式：许可

受让方：黑龙江省龙科种业集团有限公司合丰种业分公司

合同起止时间：2020 年 5 月 1 日—2021 年 4 月 30 日

特征特性：高油品种。在适应区出苗至成熟生育日数 115 天左右，需≥10℃活动积温 2300℃左右。亚有限结荚习性。株高 95 厘米左右，有分枝，紫花，尖叶，灰色茸毛，荚弯镰形，成熟时呈褐色。种子圆形，种皮黄色，种脐黄色，有光泽，百粒重 19.2 克左右。品质分析结果：蛋白质含量 35.24%，脂肪含量 24.13%。抗病接种鉴定结果：中抗灰斑病。

产量表现：2015—2016 年区域试验平均公顷产量 3120.6 千克，较对照品种合丰 51 增产 9.8%；2017 年生产试验平均公顷产量 3006.3 千克，较对照品种合丰 51 增产 8.8%。

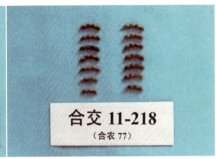

合农 80

审定编号：黑审豆 20190007

审定日期：2019 年 5 月 9 日

植物新品种权授权日期：2020 年 12 月 31 日

植物新品种权号：CNA2018169.8

适宜地区：黑龙江省≥10℃活动积温 2500℃区域

完成单位：佳木斯分院

完成人员：郭泰 王志新 郑伟 李灿东 张振宇 吴秀红 赵海红 刘忠堂

转化金额：60 万元

转化方式：许可

受让方：黑龙江省龙科种业集团有限公司合丰种业分公司

合同起止时间：2020 年 5 月 1 日—2021 年 4 月 30 日

特征特性：高油品种。在适应区出苗至成熟生育日数 118 天左右，需≥10℃活动积温 2350℃左右。亚有限结荚习性。株高 101 厘米左右，有分枝，紫花，尖叶，灰色茸毛，荚弯镰形，成熟时呈褐色。籽粒圆形，种皮黄色，有光泽，种脐黄色，百粒重 18.6 克左右。品质分析结果：平均蛋白质含量 36.87%，脂肪含量 22.33%。抗病接种鉴定结果：中抗灰斑病。

产量表现：2016—2017 年区域试验平均公顷产量 3056.1 千克，较对照品种合丰 50 增产 11.7%；2018 年生产试验平均公顷产量 3257 千克，较对照品种合丰 50 增产 11.5%。

合农 85

审定编号：黑审豆 2017006

审定日期：2017 年 5 月 31 日

植物新品种权授权日期：2016 年 11 月 1 日

植物新品种权号：CNA20150709.3

适宜地区：黑龙江省第二积温带

完成单位：佳木斯分院

完成人员：郭泰 王志新 郑伟 李灿东 吴秀红 张振宇 胡喜平 刘忠堂 赵海红

转化金额：200 万元

转化方式：许可

受让方：齐齐哈尔市富尔农艺有限公司

合同起止时间：2017 年 5 月 31 日至品种权终止

特征特性：高油品种。在适应区出苗至成熟生育日数 118 天左右，需≥10℃活动积温 2400℃左右。亚有限结荚习性。株高 84 厘米左右，无分枝，紫花，尖叶，灰色茸毛，荚弯镰形，成熟时呈褐色。种子圆形，种皮黄色，种脐黄色，有光泽，百粒重 21.5 克左右。品质分析结果：蛋白质含量 38.4%，脂肪含量 22.6%，蛋脂总量 61%。抗病接种鉴定结果：中抗灰斑病。

产量表现：2014—2015 年区域试验平均公顷产量 3020.8 千克，较对照品种合丰 55 增产 12.6%；2016 年生产试验平均公顷产量 2864.6 千克，较对照品种合丰 55 增产 12%。

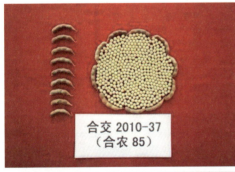

合农 89

审定编号：黑审豆 20190030

审定日期：2019 年 5 月 9 日

植物新品种权授权日期：2020 年 12 月 31 日

植物新品种权号：CNA20181660.5

适宜地区：黑龙江省≥10℃活动积温 2150℃区域

完成单位：佳木斯分院

完成人员：郭泰 王志新 郑伟 李灿东 张振宇 吴秀红 赵海红 刘忠堂

转化金额：20 万元

转化方式：许可

受让方：绥化市福地种子生产有限公司

合同起止时间：2020 年 5 月 18 日至品种权终止

特征特性：在适应区出苗至成熟生育日数 105 天左右，需≥10℃活动积温 2050℃左右。亚有限结荚习性。株高 83 厘米左右，有分枝，紫花，尖叶，灰色茸毛，荚弯镰形，成熟时呈褐色。籽粒圆形，种皮黄色，有光泽，种脐黄色，百粒重 17.7 克左右。品质分析结果：蛋白质含量 38.26%，脂肪含量 20.98%，蛋脂总量 59.24%。抗病接种鉴定结果：中抗灰斑病。

产量表现：2016—2017 年区域试验平均公顷产量 2326.9 千克，较对照品种黑河 45 增产9.0%；2018 年生产试验平均公顷产量 2583.5 千克，较对照品种黑河 45 增产 9.6%。

合农 91

审定编号：黑审豆 2018048

审定日期：2018 年 4 月 25 日

植物新品种权授权日期：2018 年 1 月 2 日

植物新品种权号：CNA20171071.9

适宜地区：黑龙江省≥10℃活动积温 2600℃区域

完成单位：佳木斯分院

完成人员：郭泰 王志新 郑伟 李灿东 吴秀红 张振宇 胡喜平 赵海红 刘忠堂

转化金额：22 万元

转化方式：许可

受让方：哈尔滨东金海信科技股份有限公司

合同起止时间：2019 年 4 月 29 日至植物新品种权终止

特征特性：特用品种（矮秆、耐密植）。在适应区出苗至成熟生育日数 120 天左右，需≥10℃活动积温 2450℃左右。有限结荚习性。株高 69 厘米左右，有分枝，紫花，尖叶，灰色茸毛，荚弯镰形，成熟时呈褐色。种子圆形，种皮黄色，种脐黄色，有光泽，百粒重 18 克左右。品质分析结果：蛋白质含量 36.73%，脂肪含量 22.71%。抗病接种鉴定结果：中抗灰斑病。

产量表现：2015—2016 年区域试验平均公顷产量 3146.5 千克，较对照品种合农 60 增产 16.1%；2017 年生产试验平均公顷产量 3216.4 千克，较对照品种合农 60 增产 17.6%。

合丰 50

审定编号：黑审豆 2006003

审定日期：2006 年 2 月 15 日

植物新品种权授权日期：2010 年 1 月 1 日

植物新品种权号：CNA20060282.9

适宜地区：黑龙江省第二积温带

完成单位：佳木斯分院

完成人员：郭泰 胡喜平 王志新 吴秀红 齐宁 郑伟 刘忠堂 张荣昌 吕秀珍

获奖情况：2011 年黑龙江省政府科技进步二等奖

转化金额：290 万元

转化方式：许可

受让方：牡丹江市凯大种业有限责任公司

合同起止时间：2013 年 4 月 1 日—2014 年 4 月 30 日

特征特性：在适应区出苗至成熟生育日数 116 天左右。亚有限结荚习性。株高 85～90 厘米，紫花，尖叶，灰白色茸毛。秆强，节间短，每节荚数多，三、四粒荚多，顶荚丰富，荚熟褐色。籽粒圆形，种皮黄色，有光泽，种脐浅黄色，百粒重 20～22 克。品质分析结果：蛋白质含量 37.41%，脂肪含量 22.57%。抗病接种鉴定结果：中抗灰斑病，抗花叶病毒病 SMVI 号株系。

产量表现：2003—2004 年区域试验平均公顷产量 2506.1 千克，较对照品种合丰 35 增产 14.1%；2005 年生产试验平均公顷产量 2642.2 千克，较对照品种合丰 35 增产 17.4%。

佳豆 8 号

审定编号：黑审豆 20190026

审定日期：2019 年 5 月 9 日

植物新品种权授权日期：2020 年 12 月 31 日

植物新品种权号：CNA20181653.4

适宜地区：黑龙江省第四积温带

完成单位：佳木斯分院

完成人员：郭泰 王志新 郑伟 李灿东 张振宇 吴秀红 赵海红 刘忠堂

转化金额：50 万元

转化方式：许可

受让方：黑龙江省广民种业有限责任公司

合同起止时间：2019 年 4 月 3 日至植物新品种权终止

特征特性：高油品种。在适应区出苗至成熟生育日数 110 天左右，需≥10℃活动积温 2150℃左右。亚有限结荚习性。株高 89 厘米左右，有分枝，白花，尖叶，灰色茸毛，荚弯镰形，成熟时呈褐色。籽粒圆形，种皮黄色，有光泽，种脐黄色，百粒重 19.6 克左右。品质分析结果：蛋白质含量 38.53%，平均脂肪含量 22.42%。抗病接种鉴定结果：中抗灰斑病。

产量表现：2016—2017 年区域试验平均公顷产量 2480.5 千克，较对照品种黑河 43 增产 7.8%；2018 年生产试验平均公顷产量 2747.4 千克，较对照品种黑河 43 增产 10.6%。

佳豆 20

审定编号：黑审豆 20200050

审定日期：2020 年 7 月 15 日

植物新品种权授权日期：2020 年 12 月 31 日

植物新品种权号：CNA20191002137

适宜地区：黑龙江省第六积温带上限≥10℃活动积温 1900℃左右区域

完成单位：佳木斯分院

完成人员：郭泰 王志新 郑伟 李灿东 张振宇 赵海红 吴秀红 徐杰飞 刘忠堂

转化金额：20 万元

转化方式：许可

受让方：绥化市福地种子生产有限公司

合同起止时间：2020 年 5 月 18 日至品种权终止

特征特性：在适应区出苗至成熟生育日数 100 天左右，需≥10℃活动积温 2000℃左右。亚有限结荚习性。株高 64 厘米左右，紫花，尖叶，灰色茸毛，荚弯镰形，成熟时呈褐色。种子圆形，种皮黄色，种脐黄色，有光泽，百粒重 17.3 克左右。品质分析结果：蛋白质含量 38.54%，脂肪含量 21.23%。抗病接种鉴定结果：中抗灰斑病。

产量表现：2017—2018 年区域试验平均公顷产量 2034.5 千克，较对照品种华疆 2 号增产 8.5%；2019 年生产试验平均公顷产量 2094.2 千克，较对照品种华疆 2 号增产 8.6%。

佳豆 27

审定编号：黑审豆 2020L0023

审定日期：2020 年 7 月 15 日

植物新品种权授权日期：2020 年 12 月 31 日

植物新品种权号：CNA20191003810

适宜地区：黑龙江省≥10℃活动积温 2000℃区域

完成单位：佳木斯分院

完成人员：郭泰 王志新 郑伟 李灿东 张振宇 赵海红 吴秀红 徐杰飞 刘忠堂

转化金额：20 万元

转化方式：许可

受让方：绥化市福地种子生产有限公司

合同起止时间：2020 年 5 月 18 日至品种权终止

特征特性：在适应区出苗至成熟生育日数 95 天左右，需≥10℃活动积温 1900℃左右。亚有限结荚习性。株高 65 厘米左右，有分枝，紫花，尖叶，灰色茸毛，荚直形，成熟时呈褐色。种子圆形，种皮黄色，种脐黄色，有光泽，百粒重 19.4 克左右。品质分析结果：蛋白质含量 39.86%，脂肪含量 20.98%。抗病接种鉴定结果：中抗灰斑病。

产量表现：2017—2018 年区域试验平均公顷产量 1816.2 千克，较对照品种黑河 49 增产 11.6%；2018 年生产试验平均公顷产量 1873.1 千克，较对照品种黑河 49 增产 7.1%。

佳豆 33

审定编号：国审豆 20200009

审定日期：2020 年 11 月 26 日

植物新品种权授权日期：2020 年 12 月 31 日

植物新品种权号：CNA20191002244

适宜地区：黑龙江第三积温带下限和第四积温带、吉林东部山区、内蒙古兴安盟北部和呼伦贝尔市大兴安岭南麓地区、新疆北部地区（春播种植）

完成单位：佳木斯分院

完成人员：郭泰 王志新 郑伟 李灿东 张振宇 赵海红 吴秀红 徐杰飞

转化金额：万元

转化方式：许可

受让方：绥化市福地种子生产有限公司

合同起止时间：2020 年 5 月 18 日至品种权终止

特征特性：在适应区出苗至成熟生育日数 117 天。亚有限结荚习性。株型收敛，株高 80.6 厘米，主茎 15.4 节，有效分枝 0.5 个，披针叶，紫花，灰毛。底荚高度 16.7 厘米，单株有效荚数 32 个，单株粒数 73.5 粒，单株粒重 12.5 克，百粒重 17.8 克。籽粒圆形，种皮黄色，无光泽，种脐黄色。品质分析结果：粗蛋白含量 39.48%，粗脂肪含量 19.77%。抗病接种鉴定结果：中抗灰斑病。

产量表现：2018—2019 年参加北方春大豆早熟组大豆品种区域试验，19 点次增产，0 点次减产，两年平均亩产 185.6 千克，比对照品种克山 1 号增产 8.1%；2019 年生产试验，平均亩产 171.7 千克，比对照品种克山 1 号增产 9.3%。

佳密豆 6 号

审定编号：黑审豆 2016019

审定日期：2016 年 5 月 16 日

植物新品种权授权日期：2016 年 11 月 1 日

植物新品种权号：CNA20161170.0

适宜地区：黑龙江省第二积温带

完成单位：佳木斯分院

完成人员：张敬涛 刘婧琦 盖志佳 申晓慧 王谦玉 赵桂范 宋英博 王庆胜

转化金额：31 万元

转化方式：许可

受让方：黑龙江隆平高科农业发展有限公司

合同起止时间：2017 年 3 月 22 日至品种权终止

特征特性：耐密植高油品种。在适应区出苗至成熟生育日数 114 天左右，需 ≥10℃ 活动积温 2320℃ 左右。有限结荚习性。株高 72 厘米左右，有分枝，白花，尖叶，灰色茸毛，荚弯镰形，成熟时呈褐色。种子圆形，种皮黄色，种脐黄色，有光泽，百粒重 18 克左右。品质分析结果：蛋白质含量 40.8%，平均脂肪含量 20.9%。抗病接种鉴定结果：中抗灰斑病。

产量表现：2013—2014 年区域试验平均公顷产量 2893 千克，较对照品种合农 60 增产 12.3%；2015 年生产试验平均公顷产量 3299 千克，较对照品种合农 60 增产 11.4%。

东生 77

审定编号：黑审豆 2015012

审定日期：2015 年 5 月

适宜地区：黑龙江省第二积温带≥10℃活动积温 2400℃区域

完成单位：牡丹江分院

完成人员：盖钧镒 宗春美 赵晋铭 王玉莲 赵团结

转化金额：140 万元

转化方式：转让

受让方：黑龙江飞龙种业有限公司

合同起止时间：2016 年 10 月 11 日至退出市场

特征特性：高油品种。在适应区出苗至成熟生育日数 119 天左右，需≥10℃活动积温 2400℃左右。亚有限结荚习性。株高 90 厘米左右，有分枝，紫花，尖叶，灰色茸毛，荚弯镰形，成熟时呈褐色。种子圆形，种皮黄色，种脐黄色，有光泽，百粒重 20.7 克左右。品质分析结果：蛋白质含量 40.36%，脂肪含量 21.45%。抗病接种鉴定结果：中抗灰斑病。

产量表现：2012—2013 年区域试验平均公顷产量 3226.3 千克，较对照品种绥农 26 增产 7.3%；2014 年生产试验平均公顷产量 3407.1 千克，较对照品种绥农 26 增产 6.9%。

牡602籽粒　　牡602单株　　牡602群体

东生 78

审定编号：黑审豆 2017012

审定日期：2017 年 5 月

适宜地区：黑龙江省第二积温带≥10℃活动积温 2400℃区域

完成单位：牡丹江分院

完成人员：刘宝辉 任海祥 潘相文 王燕平 高媛 孔凡江

转化金额：30 万元

转化方式：转让

受让方：黑龙江增粮农业科技开发有限公司

合同起止时间：2020 年 6 月 6 日至永久

特征特性：在适应区出苗至成熟生育日数 117 天左右，需≥10℃活动积温 2340℃左右。亚有限结荚习性。株高 91 厘米左右，无分枝，紫花，尖叶，灰色茸毛，荚弯镰形，成熟时呈褐色。种子圆形，种皮黄色，种脐黄色，有光泽，百粒重 21.6 克左右。品质分析结果：蛋白质含量 40.25%，脂肪含量 21.22%。抗病接种鉴定结果：中抗灰斑病。

产量表现：2013—2014 年区域试验平均公顷产量 3124.2 千克，较对照品种绥农 28 增产9.9%；2015—2016 年生产试验平均公顷产量 2820.4 千克，较对照品种绥农 28 增产 9.6%。

东生 202

审定编号：黑审豆 20200060

审定日期：2020 年 5 月

适宜地区：黑龙江省第六积温带≥10℃活动积温 1950℃区域

完成单位：牡丹江分院

完成人员：刘宝辉 任海祥 王继峰 潘相文 王燕平 杜升伟 孔凡江

转化金额：8 万元

转化方式：许可

受让方：嫩江县金土地农业科技发展有限公司

合同起止时间：2020 年 4 月 1 日至退出市场

特征特性：在适应区出苗至成熟生育日数 95 天左右，需≥10℃活动积温 1800℃左右。无限结荚习性。株高 78 厘米左右，无分枝，紫花，尖叶，灰色茸毛，荚弯镰形，成熟时呈褐色。种子圆形，种皮黄色，种脐黄色，有光泽，百粒重 20 克左右。三年平均品质分析结果：蛋白质含量 39.99%，脂肪含量 21.27%。三年抗病接种鉴定结果：中抗灰斑病。

产量表现：2017—2018 年区域试验平均公顷产量 1929.6 千克，较对照品种黑河 49 增产13.8%；2019 年生产试验平均公顷产量 1851.9 千克，较对照品种黑河 49 增产 14.6%。

牡试 1 号

审定编号：黑审豆 2015003

审定日期：2015 年 5 月

适宜地区：黑龙江省第二积温带≥10℃活动积温 2400℃区域

完成单位：牡丹江分院

完成人员：盖钧镒 宗春美 赵晋铭 王玉莲 赵团结

转化金额：140 万元

转化方式：转让

受让方：黑龙江飞龙种业有限公司

合同起止时间：2016 年 10 月 11 日至退出市场

特征特性：在适应区出苗至成熟生育日数 118 天左右，需≥10℃活动积温 2350℃左右。亚有限结荚习性。株高 82 厘米左右，有分枝，白花，圆叶，灰色茸毛，荚弯镰形，成熟时呈褐色。种子圆形，种皮黄色，种脐黄色，无光泽，百粒重 20.2 克左右。品质分析结果：蛋白质含量 37.79%，脂肪含量 22.62%。抗病接种鉴定结果：中抗灰斑病。

产量表现：2012—2013 年区域试验平均公顷产量 2736.8 千克，较对照品种绥农 28 增产 6%；2014 年生产试验平均公顷产量 3010.9 千克，较对照品种绥农 28 增产 13.8%。

牡试401籽粒　　牡试401单株　　牡试401群体

牡试 2 号

审定编号：黑审豆 2018009

审定日期：2018 年 5 月

适宜地区：黑龙江省第二积温带≥10℃活动积温 2400℃区域

完成单位：牡丹江分院

完成人员：盖钧镒 宗春美 赵晋铭 王玉莲 赵团结 尹义彬

转化金额：15 万元

转化方式：许可

受让方：黑龙江田友种业有限公司

合同起止时间：2020 年 7 月 15 日—2035 年 7 月 14 日

特征特性：在适应区出苗至成熟生育日数 120 天左右，需≥10℃活动积温 2450℃左右。无限结荚习性。株高 102 厘米左右，有分枝，白花，尖叶，灰色茸毛，荚弯镰形，成熟时呈褐色。籽粒圆形，种皮黄色，种脐黄色，有光泽，百粒重 23 克左右。品质分析结果：蛋白质含量 40.01%，脂肪含量 21.18%。抗病接种鉴定结果：中抗灰斑病。

产量表现：2015—2016 年区域试验平均公顷产量 2936.9 千克，比对照品种合丰 55 增产 11.1%；2017 年生产试验平均公顷产量 2904.5 千克，比对照品种合丰 55 增产 10.9%。

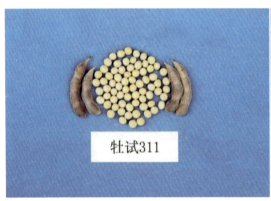

牡试 6 号

审定编号：黑审豆 20200012

审定日期：2020 年 5 月

适宜地区：黑龙江省第二积温带≥10℃活动积温 2400℃区域

完成单位：牡丹江分院

完成人员：盖钧镒 宗春美 赵晋铭 王玉莲 赵团结 尹义彬

转化金额：25 万元

转化方式：转让

受让方：李晓羽

合同起止时间：2020 年 4 月 7 日至长期

特征特性：高蛋白品种。在适应区出苗至成熟生育日数 120 天左右，需≥10℃活动积温 2400℃左右。亚有限结荚习性。株高 95 厘米左右，有分枝，紫花，尖叶，灰色茸毛，荚弯镰形，成熟时呈褐色。种子圆形，种皮黄色，种脐黄色，有光泽，百粒重 20.1 克左右。品质分析结果：蛋白质含量 45.99%，平均脂肪含量 17.64%。抗病接种鉴定结果：中抗灰斑病。

产量表现：2017—2018 年区域试验平均公顷产量 2968.3 千克，较对照品种合丰 55 增产 8.4%；2019 年生产试验平均公顷产量 2871 千克，较对照品种合丰 55 增产 10.2%。

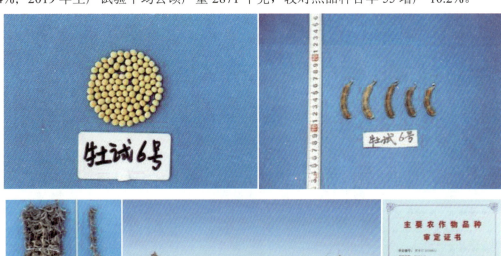

牡试 311

审定编号：黑审豆 2018009

审定日期：2018 年 5 月

适宜地区：黑龙江省第二积温带≥10℃活动积温 2400℃区域

完成单位：牡丹江分院

完成人员：任海祥 王燕平 宗春美 孙丛江 齐玉鑫 梁孝丽 孙晓环

转化金额：2 万元

转化方式：许可

受让方：佳木斯鸿发种业有限公司

合同起止时间：2020 年 4 月 1 日—2021 年 5 月 31 日

特征特性：高油品种。在适应区出苗至成熟生育日数 120 天左右。无限结荚习性。株高 106 厘米左右，有分枝，白花，尖叶，灰色茸毛，荚弯镰形，成熟时呈褐色。籽粒圆形，种皮黄色，种脐黄色，有光泽，百粒重 21.5 克左右。品质分析结果：蛋白质含量 38.17%，脂肪含量 21.83%。抗病接种鉴定结果：中抗灰斑病。

产量表现：2015—2016 年区域试验平均公顷产量 2936.9 千克，较对照品种合丰 55 增产 11.1%；2017 年生产试验平均公顷产量 2904.5 千克，较对照品种合丰 55 增产 10.9%。

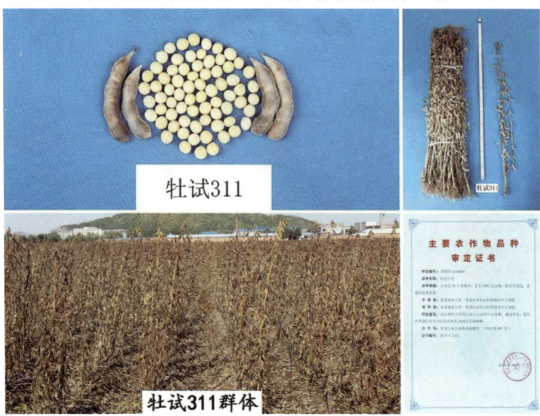

牡豆 8 号

审定编号：黑审豆 2012005

审定日期：2012 年 5 月

植物新品种权授权日期：2016 年 11 月 1 日

植物新品种权号：CNA20121102.7

适宜地区：黑龙江省第二积温带≥10℃活动积温 2400℃区域

完成单位：牡丹江分院

完成人员：任海祥 邵广忠 宗春美 王红华 黄艳胜 岳岩磊 孙晓环 郭爱民

转化金额：10 万元

转化方式：许可

受让方：牡丹江市塔牌种业有限责任公司

合同起止时间：2020 年 3 月 30 日至退出市场

特征特性：在适应区出苗至成熟生育日数 125 天左右，需≥10℃活动积温 2450℃左右。亚有限结荚习性。株高 95 厘米左右，有分枝，紫花，尖叶，灰色茸毛，荚弯镰形，成熟时呈褐色。种子圆形，种皮黄色，种脐黄色，有光泽，百粒重 20 克左右。品质分析结果：蛋白质含量 39.5%，脂肪含量 21.24%。抗病接种鉴定结果：中抗灰斑病。

产量表现：2009—2010 年区域试验平均公顷产量 2529.3 千克，比对照品种合丰 55 增产8%；2011 年生产试验平均公顷产量 2519.3 千克，比对照品种合丰 55 增产 12.5%。

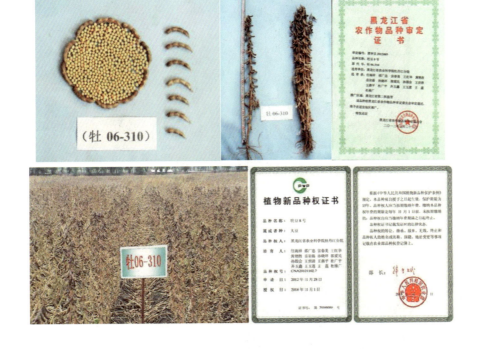

牡豆 9 号

审定编号： 黑审豆 2015006

审定日期： 2015 年 5 月

适宜地区： 黑龙江省第二积温带

完成单位： 牡丹江分院

完成人员： 任海祥 王燕平 宗春美 宋耀远 邵广忠 申惠明 柴晓芳 张继中 孙晓环

转化金额： 50 万元

转化方式： 许可

受让方： 孙铁

合同起止时间： 2019 年 1 月 14 日至退出市场

特征特性： 在适应区出苗至成熟生育日数 116 天左右，需≥10℃活动积温 2350℃左右。亚有限结荚习性。株高 81 厘米左右，有分枝，紫花，尖叶，灰色茸毛，荚弯镰形，成熟时呈褐色。种子圆形，种皮黄色，种脐黄色，有光泽，百粒重 20.1 克左右。品质分析结果：蛋白质含量 40.7%，脂肪含量 21.23%。抗病接种鉴定结果：中抗灰斑病。

产量表现： 2012—2013 年区域试验平均公顷产量 2799.2 千克，较对照品种绥农 28 增产 8.6%；2014 年生产试验平均公顷产量 2871.3 千克，较对照品种绥农 28 增产 8.2%。

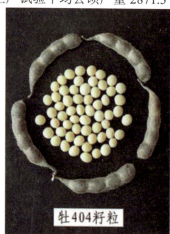

牡404籽粒

牡404单株

牡404群体

牡豆 10 号

审定编号： 黑审豆 2016004

审定日期： 2016 年 5 月

适宜地区： 黑龙江省第二积温带≥10℃活动积温 2400℃区域

完成单位： 牡丹江分院

完成人员： 任海祥 王燕平 宗春美 张继中 梁孝莉 孙晓环

转化金额： 70 万元

转化方式： 转让

受让方： 佳木斯鸿发种业有限公司

合同起止时间： 2016 年 10 月 5 日至退出市场

特征特性： 在适应区出苗至成熟生育日数 116 天左右，需≥10℃活动积温 2350℃左右。亚有限结荚习性。株高 90 厘米左右，有分枝，紫花，尖叶，灰色茸毛，荚弯镰形，成熟时呈褐色。籽粒圆形，种皮黄色，种脐黄色，有光泽，百粒重 22 克左右。商品性好。品质分析结果：蛋白质含量 40.24%，脂肪含量 21.35%。抗病接种鉴定结果：中抗灰斑病。

产量表现： 2013—2014 年区域试验平均公顷产量 3125 千克，较对照品种绥农 28 增产 9.9%；2015 年生产试验平均公顷产量 2918.1 千克，较对照品种绥农 28 增产 12.9%。

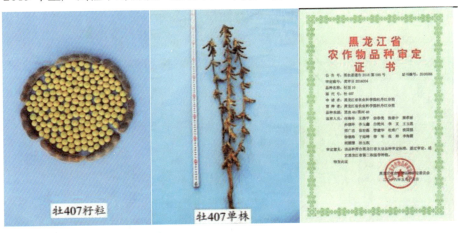

牡407籽粒　　牡407单株

牡豆 11

审定编号：黑审豆 20190019

审定日期：2019 年 5 月

植物新品种权授权日期：2020 年 12 月 31 日

植物新品种权号：CNA20191006041

适宜地区：黑龙江省第三积温带≥10℃活动积温 2300℃区域

完成单位：牡丹江分院

完成人员：任海祥 王燕平 宗春美 孙丛江 齐玉鑫 梁孝丽 孙晓环

转化金额：2 万元

转化方式：许可

受让方：宁安市宏欣种业有限公司

合同起止时间：2020 年 4 月 1 日—2021 年 5 月 31 日

特征特性：耐密、抗倒品种。在适应区出苗至成熟生育日数 113 天左右，需≥10℃活动积温 2300℃左右。亚有限结荚习性。株高 90 厘米左右，有分枝，白花，尖叶，灰色茸毛，荚弯镰形，成熟时呈黄褐色。种子圆形，种皮黄色，种脐黄色，有光泽，百粒重 21 克左右。品质分析结果：蛋白质含量 40.29%，脂肪含量 20.22%。抗病接种鉴定结果：中抗灰斑病。

产量表现：2015—2016 年区域试验平均公顷产量 2829.6 千克，较对照品种北豆 40 增产 9.0%；2017—2018 年生产试验平均公顷产量 2771.2 千克，较对照品种北豆 40 增产 10.5%。

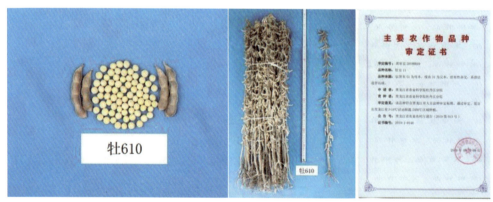

牡豆 12

审定编号： 黑审豆 2018010

审定日期： 2018 年 5 月

适宜地区： 黑龙江省第二积温带≥10℃活动积温 2400℃区域

完成单位： 牡丹江分院

完成人员： 王燕平 任海祥 宗春美 张继忠 赵良鑫 孙晓环 梁孝丽

转化金额： 1 万元

转化方式： 许可

受让方： 佳木斯庆农达农业发展有限公司

合同起止时间： 2020 年 4 月 1 日—2021 年 5 月 31 日

特征特性： 在适应区出苗至成熟生育日数 120 天左右。亚有限结荚习性。株高 90 厘米左右，有分枝，紫花，尖叶，灰色茸毛，荚弯镰形，成熟时呈褐色。籽粒圆形，种皮黄色，种脐黄色，有光泽，百粒重 21 克左右。二年平均品质分析结果：蛋白质含量 40.75%，脂肪含量 20.87%。二年抗病接种鉴定结果：中抗灰斑病。

产量表现： 2015—2016 年区域试验平均公顷产量 2904.4 千克，较对照品种合丰 55 增产 9.7%；2017 年生产试验平均公顷产量 2866.8 千克，较对照品种合丰 55 增产 9.1%。

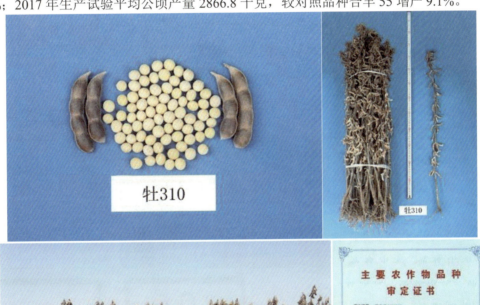

牡310群体

牡豆 15

审定编号：黑审豆 20190016

审定日期：2019 年 6 月

植物新品种权授权日期：2020 年 12 月 31 日

植物新品种权号：CNA20191005498

适宜地区：黑龙江省第二积温带≥10℃活动积温 2600℃

完成单位：牡丹江分院

完成人员：王燕平 王玉莲 宗春美 齐玉鑫 孙晓环 梁孝莉

转化金额：90 万元

转化方式：许可

受让方：黑龙江田友种业有限公司

合同起止时间：2020 年 7 月 15 日至退出市场

特征特性：高蛋白品种。在适应区出苗至成熟生育日数 120 天左右，需≥10℃活动积温 2450℃左右。亚有限结荚习性。株高 95 厘米左右，有分枝，紫花，尖叶，灰色茸毛，荚弯镰形，成熟时呈褐色。种子圆形，种皮黄色，种脐黄色，有光泽，百粒重 20.1 克左右。品质分析结果：蛋白质含量 45.08%，脂肪含量 17.5%。抗病接种鉴定结果：中抗灰斑病。

产量表现：2016—2017 年区域试验平均公顷产量 2567.5 千克，较对照品种绥农 26 增产 5.5%；2018 年生产试验平均公顷产量 2992.7 千克，较对照品种绥农 26 增产 5.7%。

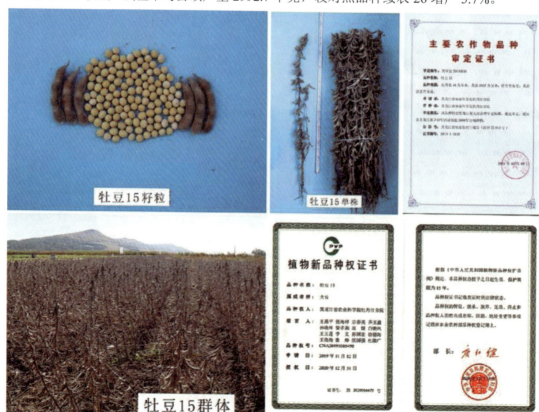

牡豆15籽粒　牡豆15单株　牡豆15群体

牡小粒豆 1 号

审定编号：黑审豆 20190054

审定日期：2019 年 5 月

适宜地区：黑龙江省第二积温带≥10℃活动积温 2400℃区域

完成单位：牡丹江分院

完成人员：王燕平　任海祥　宗春美　齐玉鑫　孙晓环

转化金额：8 万元

转化方式：许可

受让方：黑龙江田友种业有限公司

合同起止时间：2020 年 7 月 15 日至退出市场

特征特性：在适应区出苗至成熟生育日数 120 天左右，需≥10℃活动积温 2450℃左右。亚有限结荚习性。株高 75 厘米左右，有分枝，紫花，尖叶，灰色茸毛，荚弯镰形，成熟时呈黄褐色。种子圆形，种皮黄色，种脐黄色，有光泽，百粒重 14.8 克左右。品质分析结果：蛋白质含量 39.75%，脂肪含量 21.62%。抗病接种鉴定结果：抗至高抗灰斑病。

产量表现：2017—2018 年区域试验平均公顷产量 3245 千克，较对照品种绥小粒豆 2 号增产 8.5%；2018 年生产试验平均公顷产量 3260 千克，较对照品种绥小粒豆 2 号增产 8%。

牡小粒豆1号籽粒

牡小粒豆1号单株

齐农 1 号

审定编号：黑审豆 2013006

审定日期：2013 年 3 月 29 日

适宜地区：黑龙江省第一积温带

完成单位：齐齐哈尔分院

完成人员：王守义 王淑荣 袁明 韩冬伟 李馨园

获奖情况：黑龙江省农业科技二等奖

转化金额：22 万元

转化方式：许可

受让方：黑龙江富隆源种业有限责任公司

合同起止时间：2017 年 1 月 16 日至品种退出市场

特征特性：在适应区出苗至成熟生育日数 123 天左右，需≥10℃活动积温 2550℃左右。亚有限结荚习性。株高 98 厘米左右，无分枝，白花，圆叶，灰色茸毛，荚弯镰形，成熟时呈褐色。籽粒圆形，种皮黄色，种脐褐色，有光泽，百粒重 21.8 克左右。品质分析结果：蛋白质含量 40.46%，脂肪含量 21.53%。抗病接种鉴定结果：中抗大豆孢囊线虫 3 号生理小种。

产量表现：2010—2011 年参加全省（第二区）区域试验，两年 10 点次试验，无一减产，全部增产，平均公顷产量 2656 千克，较对照品种嫩丰 18 增产 14.1%；2012 年参加全省（第二区）生产试验，5 点次试验，无一减产，全部增产，平均公顷产量 2281.9 千克，较对照品种嫩丰 18 增产 12.4%。

齐农 2 号

审定编号：黑审豆 2014004

审定日期：2014 年 2 月 20 日

适宜地区：黑龙江省第一积温带

完成单位：齐齐哈尔分院

完成人员：王守义 王淑荣 袁明 韩冬伟 李馨园

获奖情况：黑龙江省农业科技三等奖

转化金额：22 万元

转化方式：许可

受让方：嫩江县金土地农业科技发展有限公司

合同起止时间：2017 年 1 月 19 日至品种退出市场

特征特性：高油品种。在适应区出苗至成熟生育日数 123 天左右，需≥10℃活动积温 2550℃左右。无限结荚习性。株高 114 厘米左右，有分枝，白花，圆叶，灰色茸毛，荚弯镰形，成熟时呈褐色。籽粒圆形，种皮黄色，种脐褐色，有光泽，百粒重 18.3 克左右。品质分析结果：蛋白质含量 38.23%，平均脂肪含量 21.48%。抗病接种鉴定结果：中抗胞囊线虫病。

产量表现：2011—2012 年参加全省（第二区）区域试验，两年 10 点次试验，无一减产，全部增产，平均公顷产量 2666.9 千克，较对照品种抗线 6 号增产 12.4%；2013 年参加全省（第二区）生产试验，4 点次试验，无一减产，全部增产，平均公顷产量 2415.4 千克，较对照品种抗线 6 号增产 11.6%。

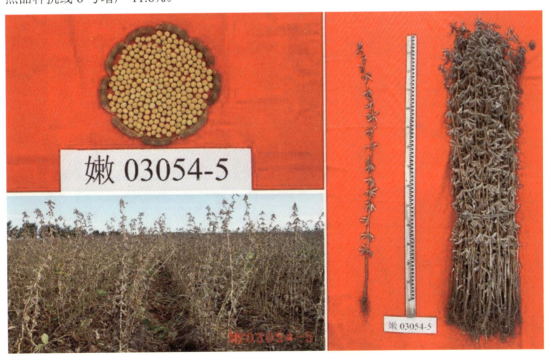

齐农 10 号

审定编号：黑审豆 20200028

审定日期：2020 年 7 月 15 日

植物新品种权授权日期：2018 年 1 月 2 日

植物新品种权号：CNA20171097.9

适宜地区：黑龙江省第三积温带

完成单位：齐齐哈尔分院

完成人员：袁明 王淑荣 韩冬伟 李馨园 于侃超 王守义

转化金额：39 万元

转化方式：许可

受让方：齐齐哈尔市富尔农艺有限公司

合同起止时间：2020 年 8 月 13 日至品种权终止

特征特性：在适应区出苗至成熟生育日数 115 天左右，需≥10℃活动积温 2250℃左右。亚有限结荚习性。株高 83 厘米左右，有分枝，白花，尖叶，灰色茸毛，荚弯镰形，成熟时呈褐色。籽粒圆形，种皮黄色，种脐黄色，有光泽，百粒重 18.5 克左右。品质分析结果：蛋白质含量 39.88%，平均脂肪含量 19.69%。抗病接种鉴定结果：中抗灰斑病。

产量表现：2017—2018 年参加黑龙江省（第三积温带西部区）区域试验，两年 14 点次试验全部增产，平均公顷产量 2800.5 千克，较对照品种北豆 40 增产 10.6%；2019 年参加黑龙江省（第三积温带西部区）生产试验，6 点次试验全部增产，平均公顷产量 2694.2 千克，较对照品种北豆 40 增产 10.5%。

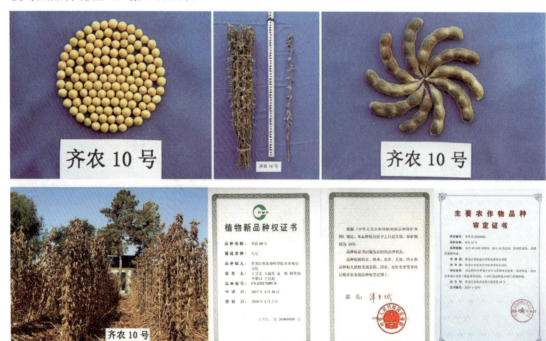

绥农 28

审定编号： 黑审豆 2006002

审定日期： 2006 年 2 月 20 日

植物新品种权授权日期： 2007 年 5 月 1 日

植物新品种权号： CNA20040300.1

适宜地区： 黑龙江省第三积温带

完成单位： 绥化分院

完成人员： 陈维元

获奖情况： 省三等奖

转化金额： 50 万元

转化方式： 许可

受让方： 宝清县宝成种子有限公司

合同起止时间： 2017 年 5 月 16 日至植物新品种权终止

品种来源： 从绥农 14 变异株中，采用系谱法选育而成。

特征特性： 早熟、高油大豆品种。在适应区出苗至成熟生育日数 120 天左右，需≥10℃活动积温 2340℃左右。亚有限结荚习性。株高 90 厘米，主茎型，略有分枝，节间短，长叶，紫花，灰毛。结荚密集，三粒荚多，顶荚丰富，荚熟时呈褐色。籽粒圆形，种皮黄色，种脐淡黄色，百粒重 21 克左右。品质分析结果：粗蛋白含量 37.25%，粗脂肪含量 22.75%。抗病接种鉴定结果：中抗灰斑病。

产量表现： 2009 年吉林省生产试验，平均公顷产量 2447.6 千克，比对照品种增产 5.8%；2010 年生产试验，平均公顷产量 2510.5 千克，比对照品种增产 7.8%。

绥农 29

审定编号：黑审豆 2009008

审定日期：2009 年 6 月 22 日

植物新品种权授权日期：2014 年 11 月 1 日

植物新品种权号：CNA20090023.0

适宜地区：黑龙江省第二积温带

完成单位：绥化分院

完成人员：景玉良

转化金额：70 万元

转化方式：许可

受让方：黑龙江飞龙种业有限公司

合同起止时间：2016 年 8 月 22 日至退出市场

转化金额：50 万元

转化方式：许可

受让方：黑龙江省龙科种业集团有限公司绥化分公司

合同起止时间：2016 年 1 月 6 日—2016 年 12 月 31 日

品种来源：以绥农 14 为母本、绥农 10 号为父本有性杂交，经 5 个世代系谱法选育而成。

特征特性：在适应区出苗至成熟生育日数 120 天左右，需≥10℃活动积温 2400℃左右。无限结荚习性。株高 100 厘米左右，有分枝，节多，白花，长叶，灰毛。种子圆形，种皮黄色，脐淡黄色，百粒重 21 克左右。幼苗生长势强，秆强抗倒，适应性强。品质分析结果：蛋白质含量 41.92%，脂肪含量 21.28%。抗病接种鉴定结果：抗灰斑病。

产量表现：2003—2005 年本院鉴定试验平均公顷产量 3393.4 千克，比对照品种绥农 14 增产 12.6%；2005 年省里预备试验，平均公顷产量 2498.7 千克，比合丰 25 增产 10.9%；2006—2007 年区域试验平均公顷产量 2653.7 千克，比对照品种合丰 25 增产 12.4%；2008 年大豆生产试验平均公顷产量 2734.7 千克，比对照品种合丰 45 增产 10.3%。

绥农 31

审定编号：国审豆 2009004

审定日期：2009 年 7 月 28 日

植物新品种权授权日期：2016 年 1 月 1 日

植物新品种权号：CNA20090614.5

适宜地区：黑龙江省第二积温带

完成单位：绥化分院

完成人员：陈维元

转化金额：10 万元

转化方式：许可

受让方：黑龙江省绥辐农业有限公司

合同起止时间：2020 年 5 月 1 日至退出市场

品种来源：以绥农 4 号为母本、（农大 05687×绥农 4 号）F$_2$ 为父本进行有性杂交，经 5 个世代系谱法选育而成。

特征特性：无限结荚习性。株高约 90 厘米，有分枝，紫花，长叶，灰毛。二、三粒荚多，单株有效荚数 33 个左右。籽粒圆形，黄皮，黄脐，百粒重 22 克左右。抗倒伏。品质分析结果：脂肪含量 21.84%，粗蛋白含量 39.74%。抗病接种鉴定结果：中抗灰斑病。

产量表现：2006—2007 年北方春大豆区域试验，平均公顷产量 3125.7 千克，比对照品种绥农 14 增产 3.8%；2008 年北方春大豆生产试验，6 个承试点平均公顷产量 2754 千克，比对照品种绥农 14 增产 8.2%。

绥农 33

审定编号：黑审豆 2012008

审定日期：2012 年 3 月 28 日

植物新品种权授权日期：2016 年 11 月 1 日

植物新品种权号：CNA20120087.8

适宜地区：黑龙江省第三积温带

完成单位：绥化分院

完成人员：姜成喜

转化金额：50 万元

转化方式：许可

受让方：黑龙江广源农业发展有限公司

合同起止时间：2016 年 10 月 10 日—2031 年 10 月 10 日

特征特性：在适应区出苗至成熟生育日数 118 天左右，需≥10℃活动积温 2400℃左右。籽粒圆形，种皮黄色，种脐浅黄色，无光泽，百粒重 20 克左右。品质分析结果：蛋白质含量 40.09%，脂肪含量 20.52%。抗病接种鉴定结果：中抗灰斑病。

产量表现：2009—2010 年区域试验平均公顷产量 2710.1 千克，较对照品种绥农 28 增产 12%；2011 年生产试验平均公顷产量 2601.8 千克，较对照品种绥农 28 增产 9.8%。

绥农 35

审定编号：黑审豆 2012015

审定日期：2012 年 3 月 28 日

植物新品种权授权日期：2016 年 11 月 1 日

植物新品种权号：CNA20120089.6

适宜地区：黑龙江省第二积温带

完成单位：绥化分院

完成人员：陈维元

获奖情况：黑龙江省科技进步三等奖

转化金额：200 万元

转化方式：许可

受让方：黑龙江广源农业发展有限公司

合同起止时间：2016 年 10 月 10 日至退出市场

品种来源：以绥农 10 号为母本、绥 02-315 为父本，经有性杂交，系谱法选育而成。

特征特性：在适应区出苗至成熟生育日数 118 天左右。有分枝，白花，长叶，灰色茸毛，荚微弯镰形，成熟时呈褐色。籽粒圆形，种皮黄色，种脐浅黄色，无光泽，百粒重 22 克左右。

产量表现：2009—2010 年区域试验平均公顷产量 3064.8 千克，较对照品种合丰 45 增产7.1%；2011 年生产试验平均公顷产量 2430.2 千克，较对照品种绥农 26 增产 10.7%。

绥农 36

审定编号：黑审豆 20170009

审定日期：2017 年 6 月 29 日

植物新品种权授权日期：2016 年 11 月 1 日

植物新品种权号：CNA20140131.2

适宜地区：黑龙江省第二积温带

完成单位：绥化分院

完成人员：付亚书

获奖情况：黑龙江省科技进步三等奖

转化金额：100 万元

转化方式：许可

受让方：黑龙江广源农业发展有限公司

合同起止时间：2016 年 10 月 10 日至退出市场

特征特性：在适应区出苗至成熟生育日数 118 天左右。亚有限结荚习性。株高 86.2 厘米，圆叶，白花，单株有效荚数 46.7 个。籽粒圆形，黄皮，黄脐，百粒重 18 克。品质分析结果：粗蛋白含量 37.09%，粗脂肪含量 22.12%。抗病接种鉴定结果：中抗花叶病毒病 1 号株系，中感 3 号株系，中抗灰斑病。

产量表现：2007—2008 年鉴定试验平均公顷产量 3248.2 千克，比对照品种黑农 37、绥农 28 增产 13.6%；2010—2011 年区域试验平均公顷产量 2983.8 千克，较对照品种合丰 45、绥农 26 增产 7.6%；2012—2013 年生产试验平均公顷产量 3231.2 千克，较对照品种绥农 26 增产 9.5%。

绥农 37

审定编号：黑审豆 2014012

审定日期：2014 年 2 月 20 日

植物新品种权授权日期：2018 年 1 月 2 日

植物新品种权号：CNA20140132.1

适宜地区：黑龙江省第三积温带

完成单位：绥化分院

完成人员：姜成喜

转化金额：60 万元

转化方式：许可

受让方：五大连池市大地种业有限责任公司

合同起止时间：2016 年 12 月 15 日至退出市场

品种来源：以绥农 20 为母本、绥 04-5474 为父本，经有性杂交，系谱法选育而成。

特征特性：在适应区出苗至成熟生育日数 115 天左右，需≥10℃活动积温 2250℃左右。无限结荚习性。株高 80 厘米左右，有分枝，白花，尖叶，灰色茸毛，荚弯镰形，成熟时呈褐色。种子圆形，种皮浅黄色，种脐浅黄色，有光泽，百粒重 19 克左右。品质分析结果：蛋白质含量 38.87%，脂肪含量 21.53%。抗病接种鉴定结果：中抗灰斑病。

产量表现：2011—2012 年区域试验平均公顷产量 2355.3 千克，较对照品种丰收 25 增产 6.2%；2013 年生产试验平均公顷产量 2318.3 千克，较对照品种丰收 25 增产 10.3%。

绥农 39

审定编号：黑审豆 2014016

审定日期：2014 年 2 月 20 日

植物新品种权授权日期：2016 年 11 月 1 日

植物新品种权号：CNA20140134.9

适宜地区：黑龙江省第三积温带

完成单位：绥化分院

完成人员：姜成喜

转化金额：60 万元

转化方式：许可

受让方：五大连池市大地种业

合同起止时间：2016 年 12 月 15 日至退出市场

特征特性：抗病、高油品种。在适应区出苗至成熟生育日数 115 天左右，需≥10℃活动积温 2250℃左右。无限结荚习性。株高 80 厘米左右，有分枝，紫花，长叶，灰色茸毛，荚弯镰形，成熟时草黄色。籽粒圆形，种皮黄色，种脐黄色，有光泽，百粒重 21 克左右。品质分析结果：蛋白质含量 38.36%，脂肪含量 21%。

产量表现：2009 年鉴定试验平均公顷产量 3281.7 千克，比对照品种合丰 51 增产 13.3%；2011—2012 年区域试验平均公顷产量 2660.9 千克，较对照品种合丰 51 增产 4.8%；2013 年生产试验平均公顷产量 2662.7 千克，较对照品种合丰 51 增产 7.5%。

绥农 41

审定编号：黑审豆 2015008

审定日期：2015 年 5 月 14 日

植物新品种权授权日期：2016 年 11 月 1 日

植物新品种权号：CNA20150657.5

适宜地区：黑龙江省第二积温带

完成单位：绥化分院

完成人员：付亚书

转化金额：40 万元

转化方式：许可

受让方：黑龙江省绥辐农业有限公司

合同起止时间：2020 年 5 月 1 日至退出市场

品种来源：以黑农 40 为母本、绥农 28 为父本进行有性杂交，经 5 个世代选育而成。

特征特性：在适应区出苗至成熟生育日数 117 天左右，需≥10℃活动积温 2400℃左右。亚有限结荚习性。株高 90 厘米左右，无分枝，紫花，尖叶，灰色茸毛，荚弯镰形，成熟时呈褐色。籽粒圆形，种皮黄色，种脐黄色，无光泽，百粒重 20 克左右。秆强抗倒，主茎结荚型，荚密，不炸荚，适应性好。品质分析结果：蛋白质含量 40.5%，脂肪含量 20.6%。抗病接种鉴定结果：中抗灰斑病。

产量表现：2011—2012 年区域试验平均公顷产量 2627.4 千克，较对照品种合丰 50 增产 11.6%；2013—2014 年生产试验平均公顷产量 3118.4 千克，较对照品种合丰 50 增产 11.2%。

绥农 42

审定编号：黑审豆 2016005

审定日期：2016 年 5 月 16 日

植物新品种权授权日期：2018 年 4 月 23 日

植物新品种权号：CNA20160900.9

适宜地区：黑龙江省第三积温带

完成单位：绥化分院

完成人员：付亚书

转化金额：44 万元

转化方式：许可

受让方：黑龙江省龙科种业集团有限公司绥化分公司

合同起止时间：2017 年 1 月 1 日—2017 年 12 月 31 日

转化金额：51 万元

转化方式：许可

受让方：黑龙江省龙科种业有限公司集团有限公司

合同起止时间：2020 年 5 月 1 日—2021 年 5 月 1 日

特征特性：在适应区出苗至成熟生育日数 118 天左右，需≥10℃活动积温 2400℃左右。无限结荚习性。株高 90 厘米左右，有分枝，紫花，尖叶，灰色茸毛，荚弯镰形，成熟时呈褐色。种子圆形，种皮黄色，种脐黄色，无光泽，百粒重 21 克左右。三年品质分析结果：蛋白质含量 40.68%，脂肪含量 20.00%。三年抗病接种鉴定结果：中抗灰斑病。

产量表现：2013—2014 年区域试验平均公顷产量 2742.4 千克，较对照品种合丰 55 增产 8.6%；2015 年生产试验平均公顷产量 3078.5 千克，较对照品种合丰 55 增产 11%。

绥农 43

审定编号：黑审豆 2017010

审定日期：2017 年 5 月 31 日

植物新品种权授权日期：2018 年 1 月 2 日

植物新品种权号：CNA20171103.1

适宜地区：黑龙江省第三积温带

完成单位：绥化分院

完成人员：付亚书

转化金额：140 万元

转化方式：许可

受让方：黑龙江省龙科种业集团有限公司

合同起止时间：2020 年 5 月 1 日—2023 年 5 月 1 日

特征特性：在适应区出苗至成熟生育日数 118 天左右，需≥10℃活动积温 2400℃左右。株高 100 厘米左右，有分枝，紫花，尖叶，灰色茸毛，荚微弯镰形，成熟时呈褐色。籽粒圆形，种皮黄色，种脐黄色，无光泽，百粒重 19 克左右。品质分析结果：蛋白质含量 40.75%，脂肪含量 19.60%。抗病接种鉴定结果：中抗到感灰斑病。

产量表现：2014—2015 年区域试验平均公顷产量 3180.2 千克，较对照品种绥农 28 增产 13.3%；2016 年生产试验平均公顷产量 2776.3 千克，较对照品种合丰 55 增产 10.6%。

绥农 44

审定编号：黑审豆 201009

审定日期：2016 年 8 月 16 日

植物新品种权授权日期：2018 年 4 月 23 日

植物新品种权号：CNA20160901.8

适宜地区：黑龙江省第三积温带

完成单位：绥化分院

完成人员：姜成喜

转化金额：60 万元

转化方式：许可

受让方：黑龙江省龙科种业集团有限公司绥化分公司

合同起止时间：2017 年 1 月 1 日—2017 年 12 月 31 日

转化金额：65 万元

转化方式：许可

受让方：黑龙江省龙科种业集团有限公司

合同起止时间：2020 年 5 月 1 日—2021 年 5 月 1 日

品种来源：以垦丰 16 为母本、绥农 22 为父本进行有性杂交，秋天对其杂交粒 F_0 代用 Co-60 伽马射线 120 戈瑞辐射处理，经 5 个世代系谱法选育而成。

特征特性：在适应区出苗至成熟生育日数 118 天左右，需≥10℃活动积温 2320℃左右。亚有限结荚习性。株高 80 厘米左右，无分枝，白花，尖叶，灰色茸毛，荚弯镰形，成熟时呈褐色。籽粒圆形，种皮黄色，种脐黄色，无光泽，百粒重 18 克左右。秆强抗倒，主茎结荚型，节多荚密，不炸荚，适应性好。品质分析结果：蛋白质含量 39.59%，脂肪含量 20.74%。抗病接种鉴定结果：中抗灰斑病。

产量表现：2013—2014 年区域试验平均公顷产量 3137.6 千克，较对照品种合丰 51 增产 10.6%；2015 年生产试验平均公顷产量 3311.8 千克，较对照品种合丰 51 增产 8.1%。

绥农 50

审定编号：黑审豆 2017002

审定日期：2017 年 5 月 31 日

植物新品种权授权日期：2018 年 1 月 2 日

植物新品种权号：CNA20171105.9

适宜地区：黑龙江省第一积温带

完成单位：绥化分院

完成人员：姜成喜

转化金额：30 万元

转化方式：许可

受让方：黑龙江飞龙种业有限公司

合同起止时间：2018 年 5 月 1 日—2033 年 12 月 31 日

特征特性：在适应区出苗至成熟生育日数 124 天左右。无限结荚习性。株高 85 厘米左右，有分枝，紫花，尖叶，灰色茸毛，荚微弯镰形，成熟时呈黄褐色。籽粒圆形，种皮黄色，种脐黄色，无光泽，百粒重 29 克左右。品质分析结果：蛋白质含量 41.6%，脂肪含量 20.48%。

产量表现：2010—2012 年产量鉴定试验平均公顷产量 3672.4 千克，较对照品种黑农 53 增产 10.1%；2016 年生产试验平均公顷产量 2768.6 千克，较对照品种黑农 61 增产 8.4%。

绥农 52

审定编号：黑审豆 2017028

审定日期：2017 年 5 月 31 日

植物新品种权授权日期：2018 年 1 月 2 日

植物新品种权号：CNA20170016.8

适宜地区：黑龙江省第二积温带

完成单位：绥化分院

完成人员：姜成喜

转化金额：230 万元

转化方式：许可

受让方：黑龙江飞龙种业有限公司

合同起止时间：2018 年 5 月 1 日—2033 年 12 月 31 日

转化金额：60 万元

转化方式：许可

受让方：黑龙江省龙科种业集团有限公司绥化分公司

合同起止时间：2018 年 1 月 1 日—2018 年 12 月 31 日

特征特性：在适应区出苗至成熟生育日数 120 天左右，需≥10℃活动积温 2450℃左右。无限结荚习性。株高 90 厘米左右，有分枝，紫花，尖叶，灰色茸毛，荚微弯镰形，成熟时呈黄褐色。籽粒圆形，种皮黄色，种脐黄色，无光泽，百粒重 29 克左右。品质分析结果：蛋白质含量 42.09%，脂肪含量 19.72%。

产量表现：2013—2014 年鉴定试验平均公顷产量 4064.4 千克，比对照品种绥农 28 增产 10.9%；2016 年生产试验平均公顷产量 3282.9 千克，较对照品种绥农 27 增产 10.7%。

绥农 76

审定编号：黑审豆 20190021

审定日期：2019 年 5 月 9 日

植物新品种权授权日期：2020 年 7 月 27 日

植物新品种权号：CNA20191000752

适宜地区：黑龙江省第三积温带

完成单位：绥化分院

完成人员：王金星

转化金额：300 万元

转化方式：许可

受让方：北安市泓兴种业有限公司

合同起止时间：2020 年 5 月至退出市场

品种来源：以绥 07-1186 为母本、绥 07-104 为父本进行有性杂交，经 5 个世代选育而成。

特征特性：高蛋白品种。在适应区出苗至成熟生育日数 115 天左右，需≥10℃活动积温 2300℃左右。无限结荚习性。株高 90 厘米左右，有分枝，紫花，尖叶，灰色茸毛，荚弯镰形，成熟时呈褐色。籽粒圆形，种皮黄色，种脐黄色，无光泽，百粒重 19.7 克左右。品质分析结果：蛋白质含量 46.78%，脂肪含量 16.86%。抗病接种鉴定结果：中抗灰斑病。

产量表现：2016—2017 年区域试验平均公顷产量 2501.5 千克，较对照品种北豆 40 增产 4.1%；2018 年生产试验平均公顷产量 2812 千克，较对照品种北豆 40 增产 6.6%。

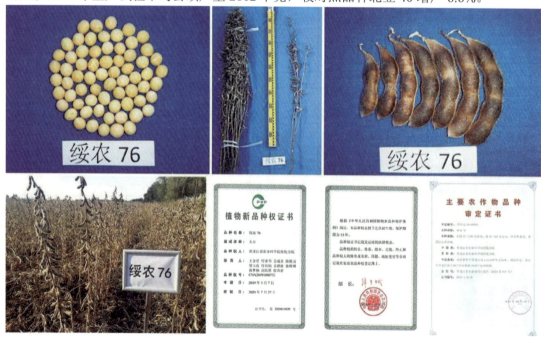

绥无腥豆 2 号

审定编号：黑审豆 2012023

审定日期：2012 年 3 月 28 日

植物新品种权授权日期：2016 年 11 月 1 日

植物新品种权号：CNA20120497.2

适宜地区：黑龙江省第三积温带

完成单位：绥化分院

完成人员：姜成喜

转化金额：120 万元

转化方式：许可

受让方：黑龙江飞龙种业有限公司

合同起止时间：2016 年 12 月 15 日至退出市场

特征特性：在适应区出苗至成熟生育日数 116 天左右，需≥10℃活动积温 2400℃左右。亚有限结荚习性。株高 80 厘米左右，无分枝，紫花，长叶，灰色茸毛，荚微弯镰形，成熟时呈草黄色。籽粒圆形，种皮黄色，种脐浅黄色，无光泽，百粒重 24 克左右。种子中不含脂肪氧化酶 L1 和 L2，无豆腥味。秆强抗倒，主茎结荚型，节短荚密，三粒荚多，不炸荚。品质分析结果：蛋白质含量 42.67%，脂肪含量 20.17%。抗病接种鉴定结果：中抗灰斑病。

产量表现：2009—2010 年区域试验平均公顷产量 2882.2 千克，较对照品种绥无腥豆 1 号增产 12.9%；2011 年生产验平均公顷产量 2486.5 千克，较对照品种绥无腥豆 1 号增产 14.1%。

龙豆 2 号

审定编号：黑审豆 2010009

审定日期：2010 年 5 月 7 日

植物新品种权授权日期：2013 年 5 月 1 日

植物新品种权号：CNA20080494.4

适宜地区：黑龙江省第二积温带

完成单位：作物资源研究所

完成人员：齐宁 林红 杨雪峰 刘广阳 姚振纯 韩忠友 来永才

转化金额：30 万元

转化方式：许可

受让方：宁安县江源种业有限公司

合同起止时间：2017 年 2 月 28 日至退出市场

特征特性：在适应区出苗至成熟生育日数 118 天左右，需≥10℃活动积温 2370 ℃左右。亚有限结荚习性。株高 85 厘米左右，无分枝，紫花，圆叶，灰白色茸毛，荚弯镰形，成熟时呈褐色。籽粒圆形，种皮黄色，种脐黄色，有光泽，百粒重 21.5 克左右。品质分析结果：平均蛋白质含量 38.6%，平均脂肪含量 21%。抗病接种鉴定结果：中抗灰斑病兼抗大豆疫霉病。

产量表现：2007—2008 年区域试验平均公顷产量 2523.2 千克，较对照品种绥农 14 和绥农 28 增产 15.4%；2008 年生产试验平均公顷产量 2582.2 千克，较对照品种绥农 28 增产 8.1%。

龙黑大豆 2 号

审定编号：黑审豆 2008022

审定日期：2008 年 5 月 8 日

适宜地区：黑龙江省第一积温带

完成单位：作物资源研究所

完成人员：林红 齐宁 杨雪峰 刘广阳 姚振纯 来永才 韩忠友

转化金额：6.5 万元

转化方式：许可

受让方：黑河市兴边种业有限公司

合同起止时间：2017 年 5 月 3 日—2067 年 5 月 2 日

特征特性：在适应区出苗至成熟生育日数 126 天左右，需≥10℃活动积温 2651.2℃。无限结荚习性。株高 95 厘米左右，有分枝，白花，圆叶，灰白色茸毛，荚弯镰形，成熟时呈褐色。种子圆形，种皮黑色，叶黄，百粒重 20 克左右。品质分析结果：蛋白质含量 46.85%，脂肪含量 18.02%。抗病接种鉴定结果：中抗灰斑病。

产量表现：2006—2007 年区域试验平均公顷产量 2601.2 千克，较对照品种黑农 37 增产 1.7%；2007 年生产试验平均公顷产量 2384 千克，较对照品种黑农 37 增产 1.8%。

龙品黑 01-1045

中龙小粒豆 1 号

审定编号：黑审豆 2016018

审定日期：2016 年 5 月 16 日

适宜地区：黑龙江省第二积温带

完成单位：耕作栽培研究所

完成人员：来永才 李炜 张劲松 陈受宜 刘明 毕影东 刘淼 肖佳雷 王玲 林红

转化金额：70 万元

转化方式：转让

受让方：齐齐哈尔市富尔农艺有限公司

合同起止时间：2016 年 6 月 3 日至退出市场

品种来源：2001 年以龙 8601 为母本、ZYY39 为父本进行有性杂交，2008 年决选。含有野生血缘。

特征特性：小粒、高产、高蛋白大豆品种。在适应区出苗至成熟生育日数 114 天左右，需≥10℃活动积温 2260℃左右。亚有限结荚习性。株高 70 厘米左右，无分枝，尖叶，白花，圆叶，灰色茸毛，荚弯镰形，成熟时呈褐色。籽粒圆形，种皮黄色，种脐黄色，有光泽，百粒重 11 克左右。品质分析结果：蛋白质含量 44.77%，平均脂肪含量 17.37%。抗病接种鉴定结果：中抗灰斑病。

产量表现：两年区域试验较对照品种增产 11.4%，生产试验较对照品种增产 9.1%。

克山 1 号

审定编号：国审豆 2009002

审定日期：2018 年 5 月 16 日

植物新品种权授权日期：2015 年 5 月 1 日

植物新品种权号：CNA20100046.0

适宜地区：黑龙江省北部、吉林省东部山区、新疆北部、内蒙古呼伦贝尔中部和北部地区（春播种植）

完成单位：克山分院

完成人员：杨兴勇 董全中 张勇 薛红 张明明 宋继玲 刘发

获奖情况：齐齐哈尔市科技进步一等奖

转化金额：350 万元

转化方式：许可

受让方：孙吴县龙北种业有限公司

合同起止时间：2019 年 2 月 10 日至退出市场

特征特性：高脂肪品种。在适应区出苗至成熟生育日数 112 天。亚有限结荚习性。株型收敛，株高 71.5 厘米，主茎节数 12.3 个，长叶，紫花，灰色茸毛。有效分枝数 0.2 个，单株有效荚数 26.2 个，单株粒数 57.9 个。籽粒圆形，种皮黄色，脐黄色，百粒重 19.8 克。成熟时落叶性好，不裂荚，抗倒伏。品质分析结果：粗脂肪含量 21.82%，粗蛋白含量 38.04%。抗病接种鉴定结果：中抗灰斑病。

产量表现：2007—2008 年区域试验比对照品种增产 11.4%；2008 年生产试验，7 个承试点平均亩产 176.2 千克，比对照品种黑河 43 增产 6.9%。

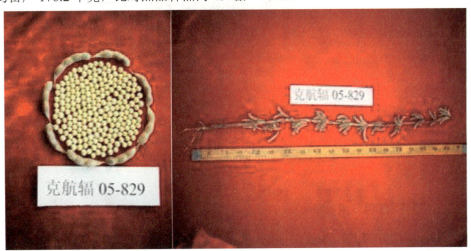

克豆 29

审定编号：黑审豆 2018018

审定日期：2019 年 6 月 4 日

适宜地区：黑龙江省第三积温带需≥10℃活动积温 2315℃地区

完成单位：克山分院

完成人员：董全中　张勇　薛红　张明明　李微微　杨兴勇

转化金额：50 万元

转化方式：许可

受让方：齐齐哈尔市富尔农艺有限公司

合同起止时间：2019 年 6 月 12 日至退出市场

特征特性：在适应区出苗至成熟生育日数 115 天左右，需≥10℃活动积温 2315℃左右。无限结荚习性。株高 86 厘米左右，有分枝，紫花，尖叶，灰色茸毛，荚弯镰形，成熟时呈褐色。种子圆形，种皮黄色，种脐黄色，有光泽，百粒重 19.2 克左右。品质分析结果：蛋白质含量 38.04%，脂肪含量 21.73%。抗病接种鉴定结果：中抗灰斑病。

产量表现：2015—2016 年区域试验平均公顷产量 2786.3 千克，较对照品种北豆 40 增产 8.9%；2017 年生产试验平均公顷产量 2587.6 千克，较对照品种北豆 40 增产 8.9%。

克豆 30

审定编号： 黑审豆 2018027

审定日期： 2018 年

适宜地区： 黑龙江省第四积温带需≥10℃活动积温 2203℃地区

完成单位： 克山分院

完成人员： 杨兴勇 董全中 张勇 薛红 张明明 李微微

转化金额： 50 万元

转化方式： 许可

受让方： 齐齐哈尔市富尔农艺有限公司

合同起止时间： 2019 年 6 月 12 日至退出市场

特征特性： 在适应区出苗至成熟生育日数 115 天，需≥10℃活动积温 2203℃。亚有限结荚习性。株型收敛，株高 81 厘米左右，无分枝，紫花，尖叶，叶浓绿色，灰色茸毛，荚弯镰形，成熟时呈褐色。籽粒圆形，种皮黄色，种脐黄色，有光泽，百粒重 19.2 克左右。前期发苗快，延期收获不炸荚，适应性广，具有高产稳产、适应性广等突出特点。品质分析结果：蛋白质含量 38.38%，平均脂肪含量 21.37%。

产量表现： 2014 年黑龙江省预备试验比对照品种增产显著；2015—2016 年省区域试验平均公顷产量 2306.5 千克，比对照品种增产 8.7%；2017 年省生产试验平均公顷产量 2658 千克，比对照品种增产 10.3%。

第四章 马铃薯、高粱、小麦等

克新 26

审定编号： 黑审薯 2014002

审定日期： 2014 年 2 月 20 日

适宜地区： 黑龙江省各生态区

完成单位： 克山分院

完成人员： 盛万民 王立春 李凤云 曹淑敏 牛志敏 李庆全 田国奎 娄树宝

转化金额： 15 万元

转化方式： 许可

受让方： 克山县天润马铃薯有限公司

合同起止时间： 2017 年 3 月 10 日至品种退出市场

特征特性： 中晚熟品种。株型直立，株高 63 厘米左右，分枝中等。茎绿色，白花，开花正常。块茎圆形，整齐，淡黄皮白肉，芽眼浅。耐贮性强，结薯集中。品质分析结果：商品薯率 80%以上，淀粉含量 19.70%～20.35%，维生素 C 含量 11.9～17.0 毫克/100 克鲜薯，粗蛋白含量 1.89%～2.66 %。抗病接种鉴定结果：抗晚疫病，抗 PVY、PVX 病毒。

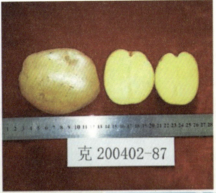

龙薯 2 号

审定编号：GPD 马铃薯(2019)230012

审定日期：2019 年 5 月 1 日

植物新品种权授权日期：2018 年 7 月 1 日

植物新品种权号：CNA20151472.6

适宜地区：黑龙江省各生态区

完成单位：作物资源研究所

完成人员：盛万民 李庆全 张丽娟 牛志敏 解艳华

转化金额：10 万元

转化方式：转让

受让方：大兴安岭地区裕丰金种农业发展有限公司

合同起止时间：2020 年 3 月 28 日至长期

特征特性：在适应区出苗至成熟生育日数 94 天左右（由出苗至茎叶枯黄）。株型直立，株高 54 厘米左右，分枝中等。茎下部淡紫色，茎横断面三棱形。叶绿色，叶缘平展，复叶较大，排列疏散。开花正常，花冠淡蓝紫色，花药橙黄色，子房断面无色。块茎椭圆形，淡黄皮、淡黄肉，芽眼中等。耐贮性较强，结薯集中，蒸食品质优。品质分析结果：淀粉含量 12.95%，维生素 C 含量 17.2 毫克/100 克，粗蛋白含量 2.18%，还原糖含量 0.65%。抗病接种鉴定结果：抗 PVX，抗 PVA，抗 PVS，中抗晚疫病。

克春 8 号

审定编号：蒙审麦 2014002

审定日期：2014 年 5 月 6 日

适宜地区：黑龙江省及内蒙古自治区东部

完成单位：克山分院

完成人员：邵立刚 王岩 李长辉 车京玉 马勇

转化金额：60 万元

转化方式：转让

受让方：嫩江圣源种业有限责任公司

合同起止时间：2018 年至退出市场

特征特性：幼苗直立，苗期抗旱。植株旗叶披散，株高 92～96 厘米。穗纺锤形，穗长 9.5 厘米左右，穗粒数平均 32.1 粒左右。叶片深绿色。长芒，白壳，籽粒红色，椭圆形，千粒重 37.9 克，容重 793 克/升。秆强抗倒伏。

产量表现：2010 年参加东部旱作小麦品种区域试验，5 点次平均亩产 322.15 千克，比对照品种龙麦 26 每亩增产 60.21 千克，增产 22.1%，5 点次皆增；2011 年继续参加东部旱作小麦品种区域试验，5 点次平均亩产 294.8 千克，比对照品种垦九 10 号每亩增产 41.71 千克，增产 16.5%，5 点 4 增 1 减。

克春 10 号

审定编号：黑审麦 2015004

审定日期：2015 年 5 月 14 日

适宜地区：黑龙江省及内蒙古自治区东部

完成单位：克山分院

完成人员：邵立刚 王岩 李长辉 车京玉 马勇

转化金额：60 万元

转化方式：转让

受让方：嫩江圣源种业有限责任公司

合同起止时间：2018 年至退出市场

特征特性：中筋品种。在适应区出苗至成熟生育日数 86 天左右。幼苗直立。株型收敛，株高 99 厘米。穗纺锤形，小穗数一般为 10～18 个。有芒，千粒重 34.6 克左右，容重 804 克/升。两年品质分析结果：蛋白质含量 14.17%～15.34%，湿面筋 31.3%～32.5%，稳定时间 2.3～3.6 分钟，抗延阻力 155E.U.，延伸性 19.6 厘米。三年抗病接种鉴定结果：对秆锈病 21C3CTR、21C3CFH、34C2MKK、34MKG 等均表现为中抗，中感赤霉病，中感根腐病。

产量表现：2012—2013 年区域试验平均公顷产量 4578.6 千克，较对照品种龙麦 26 增产 11%；2014 年生产试验平均公顷产量 4168.6 千克，较对照品种龙麦 26 增产 11.4 %。

克春 11

审定编号：国审麦 2016033

审定日期：2016 年 3 月 24 日

适宜地区：黑龙江省及内蒙古自治区东部

完成单位：克山分院

完成人员：邵立刚等

转化金额：60 万元

转化方式：许可

受让方：黑龙江省五大连池市金杉种业有限公司

合同起止时间：2018 年 4 月 16 日至退出市场

特征特性：全生育期 88 天，比对照品种垦九 10 号早熟 3 天。幼苗直立，分蘖力强。株高 92 厘米。穗纺锤形，平均亩穗数 39.4 万穗，穗粒数 30.4 粒。长芒，白壳，红粒，籽粒角质，千粒重 34.8 克，容重 787 克/升。抗倒性、抗旱性和耐湿性较好，熟相好。品质分析结果：蛋白质含量 15.26%，湿面筋含量 32%，沉降值 64.3 毫升，吸水率 59.2%，稳定时间 8.1 分钟，最大拉伸阻力 423E.U.，延伸性 219 毫米，拉伸面积 116 平方厘米。抗病接种鉴定结果：免疫秆锈病，慢叶锈病，中感根腐病，高感赤霉病和白粉病。

产量表现：2012 年参加东北春麦晚熟组品种区域试验，平均亩产 279.1 千克，比对照品种垦九 10 号增产 3%；2013 年续试，平均亩产 272.4 千克，比垦九 10 号增产 11.9%；2014 年生产试验，平均亩产 288.5 千克，比垦九 10 号增产 4.7%。

克春 12

审定编号： 国审麦 2016034

审定日期： 2016 年 3 月 24 日

适宜地区： 黑龙江省及内蒙古呼伦贝尔地区

完成单位： 克山分院

完成人员： 邵立刚等

转化金额： 16 万元

转化方式： 许可

受让方： 嫩江县远东种业有限责任公司

合同起止时间： 2016 年 8 月 26 日至品种退出市场

特征特性： 春性，中晚熟品种。成熟期较对照品种垦九 10 号晚 1 天。幼苗直立，分蘖力强。株高 101 厘米。穗纺锤形，平均亩穗数 38.7 万穗，穗粒数 32.9 粒。长芒，白壳，红粒，硬质，千粒重 37.2 克。抗倒性较好。2012 年、2013 年分别测定混合样：容重 802 克/升、780 克/升，蛋白质（干基）含量 14.99%、14.62%，硬度指数 71.7、70.6，湿面筋含量 31%、30.1%，沉降值 39.2 毫升、34.5 毫升，吸水率 62.4%、64.3%，稳定时间 3.5 分钟、3 分钟，最大抗延阻力 152E.U.、70E.U.，延伸性 181 毫米、169 毫米，拉伸面积 38.6 平方厘米、19.8 平方厘米。抗病接种鉴定结果：免疫秆锈病，中感叶锈病、根腐病，高感赤霉病、白粉病。

产量表现： 2012 年参加东北春麦晚熟组区域试验，平均亩产 291.9 千克，比对照品种垦九 10 号增产 7.7%，达显著水平；2013 年续试，平均亩产 260.4 千克，比对照品种垦九 10 号增产 7%；2014 年参加生产试验，平均亩产 303.6 千克，比对照品种垦九 10 号增产 5.2%。

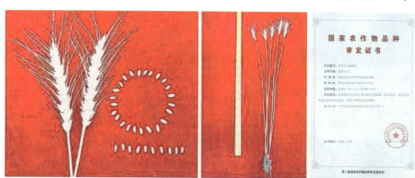

克春 14

审定编号：国审麦 20180076

审定日期：2018 年 5 月 1 日

适宜地区：黑龙江省及内蒙古自治区东部

完成单位：克山分院

完成人员：邵立刚等

转化金额：30 万元

转化方式：许可

受让方：黑龙江省五大连池市长城种业有限公司

合同起止时间：2018 年 2 月 28 日至退出市场

特征特性：春性。全生育期 89 天，与对照品种垦九 10 号熟期相当。幼苗半匍匐，分蘖力强。株高 92 厘米。穗纺锤形，平均亩穗数 40.3 万穗，穗粒数 35.5 粒。长芒、白壳、红粒，籽粒角质，千粒重 35 克，容重 814～822 克/升。抗倒性好。品质分析结果：蛋白质含量 12.49%～14.77%，湿面筋含量 26.3%～28.6%，稳定时间 3.5～3.9 分钟。抗病接种鉴定结果：高感赤霉病和白粉病，中感根腐病，中抗叶锈病，高抗秆锈病。

克春 111362

审定编号：黑审麦 2018003

审定日期：2018 年 4 月 25 日

植物新品种权授权日期：2019 年 7 月 22 日

植物新品种权权号：CNA20182956.6

适宜地区：黑龙江省

完成单位：克山分院

完成人员：邵立刚等

转化金额：30 万元

转化方式：许可

受让方：嫩江县远东种业有限责任公司

合同起止时间：2018 年 4 月 25 日至退出市场

特征特性：幼苗匍匐。株型紧凑，株高 93 厘米。穗纺锤形，小穗数一般为 9～18 个。有芒，千粒重 34.6 克左右，容重 813.5 克/升。两年品质分析结果：蛋白质含量 15.1%～15.8%，湿面筋含量 33.2%～38.0%，稳定时间 4.8 分钟。三年抗病接种鉴定结果：对秆锈病 21C3CTR、21C3CFH、34C2MKK、34MKG 等均表现为免疫，中感赤霉病、根腐病。

产量表现：2015—2016 年区域试验平均公顷产量 5605.2 千克，较对照品种克旱 16 增产 8.3%；2017 年生产试验平均公顷产量 4636.5 千克，较对照品种克旱 16 增产 4.1%。

克春 111571

审定编号：黑审麦 2018004

审定日期：2018 年 4 月 25 日

植物新品种权授权日期：2019 年 7 月 22 日

植物新品种权号： CNA20182955.7

适宜地区：黑龙江省

完成单位：克山分院

完成人员：邵立刚等

转化金额：40 万元

转化方式：许可

受让方：嫩江县金土地农业科技发展有限公司

合同起止时间：2018 年 4 月 25 日至退出市场

特征特性：中筋品种。在适应区出苗至成熟生育日数 89 天左右。幼苗直立。株型收敛，株高 98 厘米。穗纺锤形，小穗数一般为 4～26 个。有芒，千粒重 37.1 克左右，容重 829.5 克/升。两年品质分析结果：蛋白质含量 14.5%～14.8%，湿面筋含量 32.4%～34.6%，稳定时间 3.1～3.8 分钟。三年抗病接种鉴定结果：对秆锈病 21C3CTR、21C3CFH、34C2MKK、34MKG 等均表现为中抗至免疫，中感赤霉病，中感根腐病。

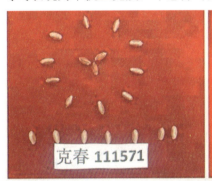

克旱 21

审定编号：国审麦 2008020

审定日期：2008 年 12 月 2 日

适宜地区：黑龙江省及内蒙古自治区东部

完成单位：克山分院

完成人员：邵立刚等

转化金额：20 万元

转化方式：许可

受让方：孙吴年丰种业有限公司

合同起止时间：2018 年 1 月 12 日至退出市场

特征特性：晚熟品种。生育期 94 天左右。幼苗直立，分蘖力强。株高 79 厘米左右。穗纺锤形，平均亩穗数 39.5 万穗，穗粒数 31.2 粒。长芒，红粒，角质，千粒重 37.6 克。繁茂性好，抗倒性较好，熟相较好。2005 年、2006 年分别测定混合样：容重 830 克/升、822 克/升，蛋白质（干基）含量 13.28%、14.22%，湿面筋含量 30.3%、30%，沉降值 44.2 毫升、41.1 毫升，吸水率 69%、67.8%，稳定时间 2.5 分钟、2.4 分钟，最大抗延阻力 190E.U.、180E.U.，延伸性 21.7 厘米、20.2 厘米，拉伸面积 56.8 平方厘米、49.9 平方厘米。抗病接种鉴定结果：高抗叶锈病、慢秆锈病，中感根腐病，高感赤霉病。

产量表现：2005 年参加东北春麦晚熟组品种区域试验，平均亩产 336.2 千克，比对照品种新克旱 9 号增产 16.9%；2006 年续试，平均亩产 377 千克，比对照品种新克旱 9 号增产 11.2%；2007 年生产试验，平均亩产 302.9 千克，比对照品种新克旱 9 号增产 11.4%。

龙春 1 号

审定编号：黑审麦 2014001

审定日期：2014 年 2 月 20 日

植物新品种权授权日期：2016 年 1 月 1 日

植物新品种权号：CNA20120379.5

适宜地区：黑龙江省东部地区

完成单位：作物资源研究所

完成人员：孙连发 陈立君 迟永芹 宋凤英 李祥羽

转化金额：130 万元

转化方式：转让

受让方：嫩江中储粮北方农业技术推广有限公司

合同起止时间：2017 年 7 月至退出市场

特征特性：中熟品种。生育日数 82 天。幼苗半直立。株型收敛，株高 90 厘米。穗纺锤形，小穗数一般为 10～15 个。有芒，千粒重 39 克左右，容重 801～832 克/升。品质分析结果：蛋白质含量 16.91%～17.07%，湿面筋含量 35.7%～36.1%，稳定时间 11.4～11.8 分钟，抗延阻力 540E.U.，延伸性 16.2 厘米。抗病接种鉴定结果：对秆锈病 21C3CTH、34MKGQM 等均表现为抗病，中感赤霉病，中感根腐病。

龙春1号

龙春 2 号

审定编号：黑审麦 2015002

审定日期：2015 年 5 月 14 日

植物新品种权授权日期：2017 年 9 月 1 日

植物新品种权号：CNA20140913.6

适宜地区：黑龙江省东部地区

完成单位：作物资源研究所

完成人员：孙连发 迟永芹 陈立君 李祥羽 李冬梅 王翔宇

转化金额：130 万元

转化方式：转让

受让方：嫩江中储粮北方农业技术推广有限公司

合同起止时间：2017 年 7 月至退出市场

特征特性：中熟品种。生育日数 82 天。幼苗直立。株型收敛，株高 87 厘米。小穗圆锥形，穗数一般为 11～16 个。红壳，无芒，千粒重 32.9 克左右，容重 831 克/升。品质分析结果：蛋白质含量 15.81%～16.25%，湿面筋含量 33.7%～35.5%，稳定时间 24.1～24.9 分钟，抗延阻力 535E.U.，延伸性 18 厘米。抗病接种鉴定结果：中抗至高抗秆锈病，中感赤霉病、根腐病。

龙春 3 号

审定编号：黑审麦 2015001

审定日期：2015 年 5 月 14 日

植物新品种权授权日期：2014 年 8 月 26 日

植物新品种权号：CNA20140911.8

适宜地区：黑龙江省东部地区

完成单位：作物资源研究所

完成人员：孙连发 迟永芹 陈立君 李祥羽 赵远玲 宋凤英 李冬梅

转化金额：20 万元

转化方式：转让

受让方：五大连池市金杉种业有限公司

合同起止时间：从合同生效之日起直至品种退出市场

特征特性：中筋品种。在适应区出苗至成熟生育日数 486 天左右。幼苗半匍匐。株型收敛，株高 96 厘米左右。穗纺锤形，小穗数一般为 12～15 个。无芒，千粒重 35.6 克左右，容重 810 克/升。两年品质分析结果：蛋白质含量 15.71%～16.76%，湿面筋含量 32.7%～35.8%，稳定时间 3.6～11.1 分钟，抗延阻力 90E.U.，延伸性 17.5 厘米。三年抗病接种鉴定结果：高抗秆锈病，中感至中抗赤霉病，中感根腐病。

产量表现：2012—2013 年区域试验平均公顷产量 3646.2 千克，较对照品种克旱 19 增产 15.4%；2014 年生产试验平均公顷产量 4596.6 千克，较对照品种克旱 19 增产 14.7%。

龙春 4 号

审定编号：黑审麦 2015005

审定日期：2015 年 5 月 14 日

植物新品种权授权日期：2014 年 8 月 26 日

植物新品种权号：CNA20140912.7

适宜地区：黑龙江省东部地区

完成单位：作物资源研究所

完成人员：孙连发 迟永芹 陈立君 李祥羽 赵远玲 宋凤英 李冬梅

转化金额：20 万元

转化方式：转让

受让方：五大连池市金杉种业有限公司

合同起止时间：从合同生效之日起直至品种退出市场

特征特性：中筋品种。在适应区出苗至成熟日数 85 天左右。幼苗半匍匐。株型收敛，株高 92 厘米左右。穗纺锤形，小穗数一般为 10～17 个。无芒，千粒重 34.7 克左右，容重 808.5 克/升。两年品质分析结果：蛋白质含量 15.17%～15.55%，湿面筋含量 28.6%～33.2%，稳定时间 2.8～5.0 分钟，抗延阻力 180E.U.，延伸性 17.4 厘米。三年抗病接种鉴定结果：高抗秆锈病，中感赤霉病、根腐病。

产量表现：2012—2013 年区域试验平均公顷产量 4333.2 千克，较对照品种龙麦 26 增产 8.7%；2014 年生产试验平均公顷产量 4019.3 千克，较对照品种龙麦 26 增产 10.3%。

龙麦 26

审定编号：国审麦 2001011

审定日期：2001 年 8 月 29 日

适宜地区：黑龙江省北部和东部、内蒙古东四盟、吉林北部及新疆北部

完成单位：作物资源研究所

完成人员：肖志敏 辛文利 张春利 宋庆杰 赵海滨 张延滨 宋维富

获奖情况：黑龙江省科技进步一等奖、黑龙江省省长特别奖、国家科技进步二等奖

转化金额：11.8 万元

转化方式：许可

受让方：北大荒垦丰种业股份有限公司

合同起止时间：2016 年 1 月 1 日—2016 年 12 月 31 日

转化金额：18 万元

转化方式：许可

受让方：嫩江青山农牧业科技有限公司

合同起止时间：2017 年 1 月 1 日—2020 年 1 月 1 日

特征特性：春性，中晚熟品种。生育期 90 天左右，比对照品种新克旱 9 号略早。幼苗半直立，前期抗旱，后期耐湿。株高 90～95 厘米，分蘖力中等。成穗率高，每穗 28 粒。长芒，白壳，红粒，千粒重 35～38 克，容重 800～820 克/升。秆强且弹性好，熟相较好。品质分析结果：蛋白质含量 17%，湿面筋含量 43.2%，沉降值 59.3 毫升，吸水率 66%，稳定时间大于 25 分钟，延伸性 19 厘米，最大抗延阻力 610E.U.，面包体积 850 立方厘米，各项指标全部超过《强筋小麦》品质标准。抗病接种鉴定结果：高抗叶锈病、秆锈病、根腐病，中抗赤霉病、穗发芽，中感白粉病，高感条锈病。

产量表现：1997—1998 年参加黑龙江省区域试验，平均亩产 462.9 千克，比对照品种垦红 8 号增产 8.9%；1999 年参加生产试验，平均亩产 427.2 千克，比对照品种垦红 8 号增产 6.9%。1998—1999 年参加国家春小麦区试东北春麦中晚熟组试验，1998 年平均亩产 243.7 千克，比对照品种增产 2.1%；1999 年平均亩产 222.5 千克，比对照品种增产 1.8%。2000 年参加生产试验，平均亩产 216.2 千克，比对照品种增产 9.6%。

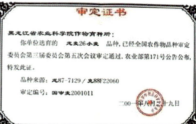

龙麦 30

审定编号：黑审麦 2004001

审定日期：2004 年 2 月 10 日

适宜地区：黑龙江省东部低湿区、北部高寒区及内蒙古呼伦贝尔

完成单位：作物资源研究所

完成人员：肖志敏 辛文利 张春利 宋庆杰 赵海滨 张延滨 宋维富

获奖情况：黑龙江省科技进步二等奖

转化金额：11.8 万元

转化方式：许可

受让方：北大荒垦丰种业股份有限公司

合同起止时间：2016 年 1 月 1 日—2016 年 12 月 31 日

转化金额：18 万元

转化方式：许可

受让方：嫩江青山农牧业科技有限公司

合同起止时间：2017.01.01—2020.01.01

转化金额：3.8 万元

转化方式：许可

受让方：呼伦贝尔市梵沃经贸有限公司

合同起止时间：2020 年 1 月 1 日—2021 年 12 月 31 日

特征特性：中早熟品种。生育期 80～82 天。幼苗直立，生长慢，分蘖及成穗能力强，灌浆速度快，后期熟期好。株高 85～90 厘米。穗纺锤形，穗层整齐。长芒，籽粒饱满，角质粒，千粒重 35～38 克，容重 800～820 克/升。秆强抗倒伏。品质分析结果：蛋白质含量 16%，湿面筋含量 35%，沉淀值 47.3 毫升，吸水率 62%，面团稳定时间 12.5 分钟，最大抗延阻力 477.3E.U.，延伸性 19.6 厘米，降落值 310 秒，面包体积 810 立方厘米，面包评分 76.5，各项指标均超过《强筋小麦》品质标准。抗病接种鉴定结果：免疫或高抗秆锈病、叶锈病，中抗赤霉病、根腐病。

产量表现：2001—2003 年参加黑龙江省区域试验和生产试验，平均亩产 416.2 千克，较对照品种垦大 3 号增产 11.7%。2005 年参加内蒙古东部旱作小麦生产试验，平均亩产 333.69 千克，比对照品种龙麦 26 增产 12.24 %。

龙麦 33

审定编号：国审麦 2010022/黑审麦 2009001

审定日期：2010 年 12 月 23 日/2000 年 2 月

植物新品种权授权日期：2017 年 3 月 1 日

植物新品种权号：CNA20130783.4

适宜地区：黑龙江省北部高寒区及内蒙古呼伦贝尔

完成单位：作物资源研究所

完成人员：肖志敏 辛文利 张春利 宋庆杰 赵海滨 张延滨 宋维富

获奖情况：黑龙江省科技进步三等奖

转化金额：200 万元

转化方式：许可

受让方：嫩江中储粮北方农业技术推广有限公司

合同起止时间：2016 年 1 月 1 日—2019 年 12 月 31 日

转化金额：14 万元

转化方式：许可

受让方：牙克石市巨丰农资有限公司

合同起止时间：2021 年 1 月 1 日—2021 年 12 月 31 日

　　品种来源：以龙麦 26（龙 94-4083）为母本、九三 3u92 为父本进行有性杂交，采用生态派生系谱法选育而成。

　　特征特性：晚熟、中筋小麦品种。在适应区出苗至成熟生育日数 95 天左右。幼苗直立，分蘖及成穗能力强，前期发育较慢，灌浆速度快，后期熟期好。株型结构较好，株高 95～100 厘米。穗纺锤形，穗层整齐。小花数一般为 17～19 个。叶片平展转披。有芒，籽粒饱满，千粒重 35～38 克，容重 816 克/升。秆强抗倒伏，抗旱性突出。品质分析结果：蛋白质含量 18.01%～18.23%，湿面筋含量 37.8%～38.6%，稳定时间 7.1～21.2 分钟，最大抗延阻力 488～563E.U.，延伸性 17.6～19.2 厘米，拉伸面积 137 平方厘米。抗病接种鉴定结果：对秆锈病致病类型 21C3CTR、21C3CFH、34C2MKK、34MKG 表现为免疫，对赤霉病、根腐病表现为中感。

　　产量表现：2007—2008 年区域试验平均公顷产量 4414 千克，较对照品种新克旱 9 号增产 6.9%；2008 年生产试验平均公顷产量 3908.1 千克，较对照品种新克旱 9 号增产 9.2%。产量水平较高，具有亩产 400 千克以上的潜力。

龙麦 34

审定编号：黑审麦 2011002

审定日期：2011 年 4 月 6 日

适宜地区：黑龙江省北部高寒区及内蒙古呼伦贝尔

完成单位：作物资源研究所

完成人员：肖志敏 辛文利 张春利 宋庆杰 赵海滨 张延滨 宋维富

转化金额：18 万元

转化方式：许可

受让方：嫩江青山农牧业科技有限公司

合同起止时间：2017 年 1 月 1 日—2020 年 1 月 1 日

特征特性：中晚熟品种。生育期 85 天左右。幼苗直立。株型收敛，株高 85～90 厘米。穗纺锤形。有芒，千粒重 38 克左右，容重 812 克/升。品质分析结果：抗延阻力 220～428E.U.，延伸性 194～204 厘米。抗病接种鉴定结果：高抗秆锈病，中感赤霉病，中感根腐病。

产量表现：2008—2009 年区域试验平均公顷产量 3201.4 千克，较对照品种垦红 14 增产 4.6 %；2010 年生产试验平均公顷产量 2868.3 千克，较对照品种垦红 14 增产 12.2%。

龙麦 35

审定编号：国审麦 2013025

审定日期：2013 年 11 月 20 日

植物新品种权授权日期：2017 年 3 月 1 日

植物新品种权号：CNA20130784.3

适宜地区：黑龙江省北部高寒区及内蒙古呼伦贝尔

完成单位：作物资源研究所

完成人员：肖志敏 辛文利 张春利 宋庆杰 赵海滨 张延滨 宋维富

转化金额：5 万元

转化方式：许可

受让方：鄂伦春自治旗瑞杨种业有限责任公司

合同起止时间：2016 年 4 月 11 日—2017 年 4 月 10 日

转化金额：10 万元

转化方式：许可

受让方：北大荒垦丰种业股份有限公司

合同起止时间：2017 年 3 月 31 日—2018 年 3 月 31 日

转化金额：4.8 万元

转化方式：生产经营许可

受让方：黑龙江红兴隆农垦氧离子生态农业有限公司

合同起止时间：2018 年 4 月 1 日—2019 年 3 月 31 日

转化金额：10 万元

转化方式：许可

受让方：北大荒垦丰种业股份有限公司

合同起止时间：2019 年 4 月 1 日—2020 年 3 月 31 日

转化金额：14 万元

转化方式：许可

受让方：牙克石市巨丰农资有限公司

合同起止时间：2021 年 1 月 1 日—221 年 12 月 31 日

特征特性： 晚熟品种。生育期 95 天。幼苗直立，分蘖能力强，灌浆速度快，后期落黄好，抗旱性突出。株高 95 厘米。穗纺锤形。长芒，白壳，红粒，角质，千粒重 35.3 克，容重 843 克/升。秆强抗倒伏。品质分析结果：蛋白质含量 15.27%，湿面筋含量 31.5%，沉降值 64 毫升，稳定时间 7.7 分钟，最大抗延阻力 442E.U.，延伸性 19.4 厘米，拉伸面积 114.2 平方厘米，各项测试结果均达《强筋小麦》品质标准。抗病接种鉴定结果：免疫秆锈病，慢叶锈病，中感赤霉病、根腐病和白粉病。

产量表现： 2009—2010 年区域试验平均公顷产量 4100.3 千克，较对照品种克旱 16 增产 5.7%；2011 年生产验平均公顷产量 4207.1 千克，较对照品种克旱 16 增产 2%。

龙麦 36

审定编号：黑审麦 2013001

审定日期：2013 年 4 月 6 日

植物新品种权授权日期：2020 年 7 月 27 日

植物新品种权号：CAN20130785.2

适宜地区：黑龙江省北部高寒区及内蒙古呼伦贝尔

完成单位：作物资源研究所

完成人员：肖志敏 辛文利 张春利 宋庆杰 赵海滨 张延滨 宋维富

转化金额：250 万元

转化方式：生产经营许可

受让方：嫩江中储粮北方农业技术推广有限公司

合同起止时间：2015 年 1 月 1 日—2019 年 12 月 31 日

特征特性：晚熟品种。生育期 90 天。幼苗半直立，前期发育适中，后期耐湿，苗期抗旱性突出，分蘖力较强。成穗率较高，穗层整齐。株高 90 厘米左右。有芒，红粒，千粒重 35～38 克，容重 834 克/升。秆弹性好，抗倒伏，熟相特好。品质分析结果：蛋白质含量 16.3%，湿面筋含量 34.6%，沉降值 63.4 毫升，面团稳定时间 12.7 分钟，最大抗延阻力 488.8E.U.，延伸性 18.7 厘米，各项测试结果均达到或超过《强筋小麦》品质标准。抗病接种鉴定结果：高抗秆锈病，中感赤霉病和根腐病。

产量表现：2010—2012 年区域试验平均公顷产量 3990 千克，较对照品种龙麦 26 增产 2.4%；2012 年生产试验平均公顷产量 4721.7 千克，较对照品种龙麦 26 增产 6.5%。

龙麦 37

审定编号：黑审麦 2014002

审定日期：2014 年 2 月 20 日

植物新品种权授权日期：2020 年 7 月 27 日

植物新品种权号：CAN20150675.3

适宜地区：黑龙江省东部地区及内蒙古呼伦贝尔

完成单位：作物资源研究所

完成人员：肖志敏 辛文利 张春利 宋庆杰 赵海滨 张延滨 宋维富

转化金额：60 万元

转化方式：许可

受让方：嫩江圣源种子粮食加工有限公司

合同起止时间：2017 年 1 月 19 日至植物新品种权终止

特征特性：中熟品种。生育期 82 天左右。幼苗匍匐，前期发育适中，后期耐湿，苗期抗旱性突出，分蘖力较强。成穗率较高，穗层整齐。株高 85 厘米左右。有芒，红粒，千粒重 34～36 克，容重 837.3 克/升。秆弹性好，抗倒伏，熟相好。品质分析结果：蛋白质含量 15.4%，湿面筋含量 31.4%，稳定时间 41.8 分钟，抗延阻力 444.3E.U.，延伸性 20.2 厘米，各项测试结果均达到或超过《强筋小麦》品质标准。抗病接种鉴定结果：高抗秆锈病，中感赤霉病和根腐病。

产量表现：2011—2012 年参加黑龙江省东部中熟组区域试验，平均公顷产量 4852.5 千克，较对照品种增产 8.3%；2013 年参加生产试验，平均公顷产量 3509.8 千克，较对照品种增产 6.8%。

龙麦 39

审定编号：黑审麦 2015003

审定日期：2015 年 5 月 14 日

植物新品种权授权日期：2020 年 7 月 27 日

植物新品种权号：CAN20150676.2

适宜地区：黑龙江省北部高寒区及内蒙古呼伦贝尔

完成单位：作物资源研究所

完成人员：肖志敏 辛文利 张春利 宋庆杰 赵海滨 张延滨 宋维富

转化金额：50 万元

转化方式：转让

受让方：嫩江中储粮北方农业技术推广有限公司

合同起止时间：2017 年 3 月 31 日—2018 年 4 月 1 日

特征特性：晚熟品种。生育期 90 天左右。幼苗半匍匐，前期发育较慢，后期耐湿，根系发达，落黄好，苗期抗旱性突出，分蘖力较强。成穗率较高，穗层整齐。株高 90 厘米左右。有芒，红粒，千粒重 42 克左右，容重 819 克/升。茎秆弹性好，抗倒伏。品质分析结果：蛋白质含量 16.3%，湿面筋含量 34.2%，稳定时间 39.1 分钟，容重 833 克/升，抗延阻力 882E.U.，延伸性 18.4 厘米，各项测试结果均超过《强筋小麦》品质标准。抗病接种鉴定结果：高抗或免疫秆锈病，高抗穗发芽，中感赤霉病和根腐病。

产量表现：2012—2013 年参加黑龙江省东部区域试验，平均公顷产量 4231.5 千克，较对照品种龙麦 26 增产 5.6%；2014 年参加生产试验，平均公顷产量 4095.05 千克，较对照品种龙麦 26 增产 12.4%。

龙麦 40

审定编号：黑审麦 2016002

审定日期：2016 年 5 月 16 日

植物新品种权授权日期：2020 年 7 月 27 日

植物新品种权号：CAN20160404.0

适宜地区：黑龙江省北部高寒区及内蒙古呼伦贝尔

完成单位：作物资源研究所

完成人员：肖志敏 辛文利 张春利 宋庆杰 赵海滨 张延滨 宋维富

转化金额：55 万元

转化方式：许可

受让方：北安市田丰种子有限公司

合同起止时间：2017 年 3 月 27 日至植物新品种权终止

特征特性：中熟、强筋品种。在适应区出苗至成熟生育日数 85 天左右。幼苗直立，前期发育较慢，抗旱性突出，后期耐湿，落黄好，分蘖力较强。株型收敛，株高 90 厘米左右。成穗率较高，穗层整齐，穗纺锤形，小穗数 18～20 个。有芒，千粒重 40 克左右，容重 807 克/升。茎秆弹性好，抗倒伏。三年品质分析结果：蛋白质含量 13.92%～14.99%，湿面筋含量 26.0%～38.7%，稳定时间 7.1～30.4 分钟，抗延阻力 625～710E.U.，延伸性 15.4～18.5 厘米。三年抗病接种鉴定结果：高抗或免疫秆锈病 21C3CTR、21C3CFH、34C2MKK、34MKG 等，中感赤霉病、根腐病。

产量表现：2013—2015 年区域试验平均公顷产量 3762.6 千克，较对照品种垦大 12 增产 1.2%；2015 年生产试验平均公顷产量 4320.8 千克，较对照品种垦大 12 增产 5.5%。

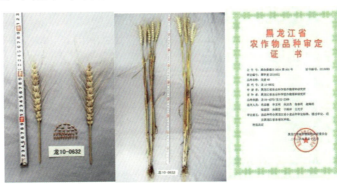

龙麦 59

审定编号：蒙审麦 2018003

审定日期：2018 年 5 月 9 日

植物新品种权授权日期：2018 年 5 月 24 日

植物新品种权号：CNA20180441.3

适宜地区：黑龙江省及内蒙古呼伦贝尔

完成单位：作物资源研究所

完成人员：肖志敏 辛文利 张春利 宋庆杰 赵海滨 张延滨 宋维富

转化金额：5 万元

转化方式：许可

受让方：内蒙古农垦生产资料有限责任公司公司

合同起止时间：2019 年 3 月 1 日—2020 年 3 月 1 日

转化金额：3 万元

转化方式：许可

受让方：内蒙古农垦生产资料公司

合同起止时间：2020 年 4 月 1 日—2021 年 3 月 31 日

特征特性：生育期 90 天，比对照品种克春 4 号晚 1 天。植株半匍匐型，株高 78 厘米。穗纺锤形，穗长 8.9 厘米，长芒。叶窄色深。红粒，白壳，千粒重 37.9 克。品质分析结果：容重 852 克/升，粗蛋白 12.97%，湿面筋 29.2%，沉降值 50.8 毫升，吸水量 62.1 毫升/100 克，面团形成时间 3.3 分钟，稳定时间 4.1 分钟，弱化度 105F.U.，粉质质量指数 61 毫米。抗病接种鉴定结果：中感赤霉病，中感根腐病。

产量表现：2015 年参加旱作小麦区域试验，平均亩产 369.2 千克，比对照品种增产 0.8%；2016 年参加旱作小麦区域试验，平均亩产 345.5 千克，比对照品种增产 1.3%；2017 年参加旱作小麦生产试验，平均亩产 295.3 千克，比对照品种增产 4.5%。

龙麦 60

审定编号：国审麦 20190054

审定日期：2019 年 3 月 21 日

适宜地区：黑龙江省北部高寒区及内蒙古呼伦贝尔

完成单位：作物资源研究所

完成人员：辛文利 张春利 宋庆杰 肖志敏 赵海滨 张延滨 宋维富 杨雪峰

转化金额：98.1 万元

转化方式：转让

受让方：嫩江县圣源种子粮食加工有限公司

合同起止时间：2020 年 1 月 1 日—2024 年 12 月 31 日

特征特性：生育期 94 天。幼苗半直立，分蘖力较强。株高 94 厘米。穗层整齐。长芒，红粒，角质，饱满度好，千粒重 41.3 克。抗倒性强，熟相好。品质分析结果：蛋白质含量 15.54%，湿面筋含量 33.5%，稳定时间 10.4 分钟，吸水率 61.4%～62.5%，最大拉伸阻力 583E.U.，拉伸面积 138 平方厘米。抗病接种鉴定结果：免疫叶锈病，中抗秆锈病，中感赤霉病、根腐病。

产量表现：2015 年参加东北春麦晚熟组区域试验，平均亩产 402.9 千克，比对照品种垦九 10 号增产 11.2%；2016 年续试，平均亩产 357.4 千克，比对照品种垦九 10 号增产 12.2%；2017 年生产试验，平均亩产 299.9 千克，比对照品种垦九 10 号增产 6.4%。

龙麦 67

审定编号：黑审麦 2019004

审定日期：2019 年 5 月 9 日

植物新品种权授权日期：2019 年 5 月 24 日

植物新品种权号：CNA20180445.9

适宜地区：黑龙江省麦产区及内蒙古呼伦贝尔

完成单位：作物资源研究所

完成人员：肖志敏 辛文利 张春利 宋庆杰 赵海滨 张延滨 宋维富

转化金额：50 万元

转化方式：许可

受让方：嫩江中储粮北方农业技术推广有限公司

合同起止时间：2020 年 1 月 1 日—2021 年 5 月 15 日

特征特性：生育日数 92 天左右。幼苗直立到半直立，前期发育较慢，苗期抗旱性突出，分蘖力较强。成穗率较高，穗层整齐，后期熟相好。株型收敛。有芒，红粒，角质，千粒重 42 克左右，容重 849 克/升。品质分析结果：蛋白质含量 15.4%，湿面筋含量 30.6%，吸水率 60.8 毫升/100 克，稳定时间 15.6 分钟，抗延阻力 570E.U.，延伸性 18.6 厘米，拉伸面积 137 平方厘米。抗病接种鉴定结果：对秆锈病免疫，中感赤霉病、根腐病。

产量表现：2016—2017 年区域试验平均公顷产量 5375.9 千克，较对照品种克旱 16 增产 7.8 %；2018 年生产试验平均公顷产量 4169.5 千克，较对照品种克旱 16 增产 7.4%。

龙麦 72

审定编号：黑审麦 2020001

审定日期：2020 年 7 月 15 日

适宜地区：黑龙江省及内蒙古呼伦贝尔

完成单位：作物资源研究所

完成人员：肖志敏 辛文利 张春利 宋庆杰 赵海滨 张延滨 宋维富 杨雪峰 赵丽娟 刘东军

转化金额：19 万元

转化方式：许可

受让方：呼伦贝尔华垦种业股份有限公司

合同起止时间：2020 年 4 月 1 日—2021 年 3 月 31 日

特征特性：中熟品种。生育期 90 天左右。幼苗直立到半直立，前期发育较慢，后期耐湿，落黄好，苗期抗旱性突出，分蘖力较强。成穗率较高，穗层整齐。株高 95 厘米左右。千粒重 34 克左右，容重 840 克/升左右。茎秆弹性好，抗倒伏。品质分析结果：蛋白质含量 17.68%，湿面筋含量 35.6%，稳定时间 7.6 分钟，抗延阻力 361E.U.，延伸性 163 厘米，拉伸面积 83 平方厘米。抗病接种鉴定结果：免疫或高抗秆锈病，中感赤霉病和根腐病，高抗穗发芽。

产量表现：2017—2018 年区域试验平均公顷产量 4272.2 千克，较对照品种克旱 19 增产 2.9%；2019 年生产试验平均公顷产量 4059.4 千克，较对照品种克旱 19 增产 6%。

龙辐麦 16

审定编号：黑审麦 2006002

审定日期：2006 年 3 月 13 日

适宜地区：黑龙江省东部麦区

完成单位：作物资源研究所

完成人员：孙光祖 王广金 张宏纪 张月学 闫文义 刁艳玲 孙岩等

转化金额：8 万元

转化方式：转让

受让方：嫩江县新科种子有限责任公司

合同起止时间：至退出市场为止

特征特性：春性、中晚熟、中强筋品种。生育日数 90 天左右。幼苗半直立，前期发育缓慢，后期发育较快，分蘖整齐。成穗率高，后期落黄好。株高 100 厘米左右。有芒，黄壳，红粒，角质，千粒重 38～40 克，容重 800 克/升以上。秆强，有弹性，抗倒伏。品质分析结果：蛋白质含量 15.6%～17.0%，湿面筋含量 35.0%～38.5%，沉降值 34.6～42.8 毫升，吸水率 62.0%～64.4%，形成时间 3.5～6.0 分钟，稳定时间 3.8～6.5 分钟。

产量表现：2000—2002 年平均公顷产量 3045.4 千克，较对照品种新克旱 9 号增产 15.2%；2003 年省区试 4 点次公顷产量 1245.35～2503.70 千克，比对照品种新克旱 9 号增产 8.7%；2004 年续试公顷产量 1329.90～2483.35 千克，比对照品种新克旱 9 号增产 10.51%。2004 年在牙克石地区 200 亩面积上平均亩产 325 千克。

龙辐麦 20

审定编号：黑审麦 2012003

审定日期：2012 年 4 月 15 日

适宜地区：黑龙江省东部麦区

完成单位：作物资源研究所

完成人员：闫文义 张宏纪 王广金 刘录祥 孙岩 刘东军 赵林姝 郭怡幡等

转化金额：17 万元

转化方式：许可

受让方：五大连池市大地种业有限责任公司

合同起止时间：省级管理部门公布品种退出为止

特征特性：中筋品种。在适应区出苗至成熟生育日数 85 天左右。幼苗半直立。株型收敛，株高 95 厘米。穗纺锤形。花为半开颖型，小花数一般为 16～20 个。有芒，千粒重 38 克左右，容重 820 克/升。品质分析结果：蛋白质含量 13.85%～15.40%，湿面筋 27.68～29.40%，稳定时间 2.5～6.3 分钟，抗延阻力 125～220E.U.，延伸性 15.4～16.6 厘米。抗病接种鉴定结果：对秆锈病 21C3CTR、21C3CFH、34C2MKK、34MKG 等均表现为高抗，中感赤霉病、根腐病。

龙辐麦 21

审定编号：黑审麦 2016003

审定日期：2016 年 5 月 16 日

适宜地区：黑龙江省北部种植区

完成单位：作物资源研究所

完成人员：张宏纪 孙光祖 王广金 孙岩 刁艳玲 刘东军 郭怡幡 刘文林 闫文义

转化金额：20 万元

转化方式：许可

受让方：五大连池市大地种业有限责任公司

合同起止时间：至品种退出为止

特征特性：强筋品种。在适应区出苗至成熟生育日数 85 天左右。有芒，千粒重 35 克左右，容重 805 克/升。两年品质分析结果：蛋白质含量 14.48%～16.81%，湿面筋含量 31.8%～36.4%，稳定时间 10.1～27.7 分钟，抗延阻力 440～575E.U.，延伸性 18.0～19.5 厘米。三年抗病接种鉴定结果：对秆锈病 21C3CTR、21C3CFH、34C2MKK、34MKG 等均表现为高抗，中感赤霉病、根腐病。

产量表现：2013—2014 年区域试验平均公顷产量 3438.4 千克，较对照品种克旱 19 增产 3%；2015 年生产试验平均公顷产量 4384.8 千克，较对照品种克旱 19 增产 7.3%。

龙啤麦 3 号

审定编号：GPD 大麦青稞（2018）230045

审定日期：2018 年 8 月 1 日

植物新品种权授权日期：2020 年 9 月 30 日

植物新品种权号：CNA20160033.9

适宜地区：北方春麦生态区（黑龙江、吉林、辽宁、甘肃、内蒙古、新疆）

完成单位：作物资源研究所

完成人员：刁艳玲 郭刚刚 孙丹 左远志 张京 商柏庭 王广金 闫文义

转化金额：4.5 万元

转化方式：许可

受让方：黑龙江省共青绿源生物科技开发有限公司

合同起止时间：2020 年 11 月 10 日—2021 年 12 月 1 日

特征特性：春性、中熟型大麦品种，二棱啤酒大麦。在适应区出苗至成熟生育日数 75～85 天。幼苗半直立，分蘖力强。植株紧凑，株高 80～90 厘米。穗柱形，穗层较齐，成穗率高，穗长 8～9 厘米，穗姿半直立，单穗粒数 24～28 粒。粒纺锤形，皮薄，黄色，千粒重 40～50 克。叶片深绿色。秆强抗倒伏，繁茂性好。品质分析结果：蛋白质含量 12.1%，细粉浸出物 81%（db），α-氨基氮 161 毫克/100 克，总氮 1.89%，可溶性氮 0.76%，库尔巴哈值 40.2%，糖化力 313WK。抗病接种鉴定结果：条纹病中抗，抗网斑病，根腐病苗期根部和成熟后籽粒表现中抗，成株期叶部抗病；田间自然诱发鉴定，黄矮病高抗，条锈病免疫。全生育期成株鉴定：抗旱指标 20%，表现抗旱。

产量表现：参加全国春大麦第一轮区域试验，平均公顷产量 6572.3 千克，较对照品种甘啤 6 号增产 14.7%，增产点比例 76.19%，在 12 个参试品种（系）中排名第二位。

绥杂 8 号

审定编号：黑登记 2014016

审定日期：2014 年 2 月 20 日

植物新品种权授权日期：2019 年 12 月 19 日

植物新品种权号：CNA20160123.0

适宜地区：黑龙江省一、二、三、四积温带，内蒙古地区

完成单位：绥化分院

完成人员：杨广益

转化金额：270 万元

转化方式：许可

受让方：黑龙江省龙科种业集团有限公司绥化分公司

合同起止时间：2017 年 1 月 1 日—2017 年 12 月 31 日

转化金额：100 万元

转化方式：许可

受让方：黑龙江省龙科种业集团有限公司绥化分公司

合同起止时间：2018 年 1 月 1 日—2018 年 12 月 31 日

特征特性：粮用、杂交品种。幼苗拱土能力强，发苗快，活秆成熟。幼苗出土时叶鞘为紫红色，叶色浓绿。株高 125 厘米。穗长 25 厘米。籽粒褐色，千粒重 26 克，单穗粒重 66 克，成熟时不易落粒。品质分析结果：粗蛋白（干基）含量 10%，粗脂肪（干基）含量 3.2%，粗淀粉（干基）含量 73.3%，单宁（干基）含量 1.2%。抗病接种鉴定结果：丝黑穗病平均发病率 3.9%，抗丝黑穗病，叶部病害 2 级，病害较轻。

产量表现：第 1 生长周期亩产 543.84 千克，比对照品种绥杂 7 号增产 13.5%；第 2 生长周期亩产 484.32 千克，比对照品种绥杂 7 号增产 14.2%。

龙杂 18

审定编号：GPD 高粱（2018）230033

审定日期：2018 年 2 月 6 日

植物新品种权授权日期：2019 年 12 月 19 日

植物新品种权号：CNA20160563.7

适宜地区：黑龙江省第三、四积温带

完成单位：作物资源研究所

完成人员：焦少杰 王黎明 姜艳喜 严洪冬 苏德峰 孙广全

获奖情况：省科技进步二等奖

转化金额：200 万元

转化方式：转让

受让方：黑龙江省德邦农业发展有限公司

合同起止时间：2016 年 3 月 30 日至品种退出市场

特征特性：酿造型粒用高粱杂交种，适于机械化栽培。在适应区出苗至成熟生育日数 97 天左右，需≥10℃活动积温 2060℃左右。株高 87 厘米。穗长 20 厘米，纺锤形中紧穗。籽粒红褐色，椭圆形，壳深红色。品质分析结果：淀粉含量 71.2%，单宁含量 1.25%。抗病接种鉴定结果：抗丝黑穗病，叶病病害抗性 2 级，中抗蚜虫、螟虫。

产量表现：平均亩产 535.6 千克。

龙杂 19

审定编号：GPD 高粱（2018）230039

审定日期：2018 年 2 月 6 日

适宜地区：黑龙江省第三、四积温带

完成单位：作物资源研究所

完成人员：姜艳喜 苏德峰 严洪冬 焦少杰 王黎明 孙广全

获奖情况：省科技进步二等奖

转化金额：20 万元

转化方式：许可

受让方：农安县亿家农业开发有限公司

合同起止时间：2020 年 3 月 30 日—2020 年 12 月 31 日

转化金额：150 万元

转化方式：许可

受让方：农安县亿家农业开发有限公司

合同起止时间：2018 年 3 月 30 日—2018 年 12 月 31 日

转化金额：70 万元

转化方式：许可

受让方：农安县亿家农业开发有限公司

合同起止时间：2019 年 3 月 30 日—2019 年 12 月 31 日

特征特性：酿造型粒用高粱杂交种，适于机械化栽培。在适应区出苗至成熟生育日数 100 天左右，需≥10℃活动积温 2080℃左右。株高 100 厘米。穗长 22 厘米，纺锤形中紧穗。籽粒红褐色，椭圆形，壳黑色。抗旱性较强，抗倒伏。品质分析结果：粗脂肪含量 3.31%，粗淀粉含量 72.81%，单宁含量 1.41%。抗病接种鉴定结果：中抗丝黑穗病，叶病病害抗性 2 级，中抗蚜虫、螟虫。

产量表现：平均亩产 527.9 千克。

龙杂 20

审定编号：GPD 高粱（2018）230040

审定日期：2018 年 2 月 6 日

适宜地区：黑龙江省第三、四积温带

完成单位：作物资源研究所

完成人员：焦少杰 王黎明 姜艳喜 苏德峰 严洪冬 孙广全

转化金额：120 万元

转化方式：许可

受让方：农安县亿家农业开发有限公司

合同起止时间：2018 年 5 月 1 日—2019 年 4 月 30 日

转化金额：30 万元

转化方式：许可

受让方：黑龙江省九三农垦鑫云禾农业技术开发有限公司

合同起止时间：2019 年 4 月 30 日—2024 年 4 月 30 日

特征特性：酿造型粒用高粱杂交种，适于机械化栽培。在适应区出苗至成熟生育日数 100 天左右，需≥10℃活动积温 2080℃左右。株高 100 厘米。穗长 29 厘米，纺锤形中散穗。籽粒中等，红褐色，椭圆形，壳红色。抗倒伏。品质分析结果：粗脂肪含量 2.81%，粗淀粉含量 72.83%，单宁含量 1.04%。抗病接种鉴定结果：中抗丝黑穗病，叶病病害抗性 2 级，中抗蚜虫、螟虫。

产量表现：平均亩产 515 千克。

龙杂 21

审定编号： GPD 高粱（2019）230117

审定日期： 2020 年 1 月 21 日

适宜地区： 黑龙江省第三积温带

完成单位： 作物资源研究所

完成人员： 苏德峰 孙广全 姜艳喜 严洪冬 焦少杰 王黎明

转化金额： 60 万元

转化方式： 许可

受让方： 农安县亿家农业开发有限公司

合同起止时间： 2020 年 10 月 1 日—2025 年 5 月 31 日

特征特性： 酿造型粒用高粱杂交种。在适应区出苗至成熟生育日数 105 天左右，需 ≥10℃ 活动积温 2200℃左右。株高 110 厘米。穗长 26 厘米，纺锤形中型穗。籽粒中等大小，红褐色，椭圆形，壳红色，千粒重 23 克，单穗粒重 32 克。品质分析结果：总淀粉含量 71.32%，粗脂肪含量 4.08%，单宁含量 1.7%。抗病接种鉴定结果：中抗丝黑穗病，2 级叶部病害，中抗蚜虫、螟虫。

产量表现： 平均亩产 515.3 千克。

龙帚 2 号

审定编号：GPD 高粱（2018）230031

审定日期：2018 年 2 月 6 日

植物新品种权授权日期：2019 年 12 月 19 日

植物新品种权号：CNA20160150.6

适宜地区：黑龙江省第一、二、三积温带

完成单位：作物资源研究所

完成人员：焦少杰 王黎明 严洪冬 苏德峰 姜艳喜 孙广全

转化金额：60 万元

转化方式：技术转让

受让方：巴林左旗纪业种子有限责任公司

合同起止时间：2020 年 2 月 28 日至长期

转化金额：100 万元

转化方式：许可

受让方：陈慧昕

合同起止时间：2019 年 3 月 30 日—2023 年 6 月 30 日

特征特性：我国第一个帚用型高粱杂交种。在适应区出苗至成熟生育日数 108 天左右，需≥10℃活动积温 2300℃左右。株高 200 厘米左右。穗长 43 厘米，帚形穗。籽粒中等，卵形，红褐色，半包被，壳红色。品质分析结果：淀粉含量 63.09%，单宁含量 1.81%。抗病接种鉴定结果：中抗丝黑穗病，叶病病害抗性 2 级，中抗蚜虫、螟虫。

产量表现：糜子产量可达 205 千克/亩，籽粒产量可达 305 千克/亩。

龙 107

审定编号： GPD 高粱（2018）230039

审定日期： 2018 年 2 月 6 日

适宜地区： 黑龙江省第三、四积温带

完成单位： 作物资源研究所

完成人员： 姜艳喜 苏德峰 严洪冬 焦少杰 王黎明 孙广全

获奖情况： 省科技进步二等奖

转化金额： 30 万元

转化方式： 许可

受让方： 农安县亿家农业开发有限公司

合同起止时间： 2017 年 3 月 30 日—2022 年 3 月 30 日

转化金额： 110 万元

转化方式： 许可

受让方： 农安县亿家农业开发有限公司

合同起止时间： 2017 年 3 月 30 日—2017 年 12 月 31 日

特征特性： 酿造型粒用高粱杂交种，适于机械化栽培。在适应区出苗至成熟生育日数 100 天左右，需≥10℃活动积温 2080℃左右。株高 100 厘米。穗长 22 厘米，纺锤形中紧穗。籽粒红褐色，椭圆形，壳黑色。抗旱性较强，抗倒伏。品质分析结果：粗脂肪含量 3.31%，粗淀粉含量 72.81%，单宁含量 1.41%。抗病接种鉴定结果：中抗丝黑穗病，叶病病害抗性 2 级，中抗蚜虫、螟虫。

产量表现： 平均亩产 527.9 千克。

糯粱 1 号

审定编号： GPD 高粱（2018）230042

审定日期： 2018 年 2 月 6 日

适宜地区： 黑龙江省第三积温带

完成单位： 作物资源研究所

完成人员： 王黎明 严洪冬 姜艳喜 焦少杰 苏德峰 孙广全

转化金额： 40 万元

转化方式： 许可

受让方： 黑龙江省德邦农业发展有限公司

合同起止时间： 2017 年 12 月至退出市场

转化金额： 100 万元

转化方式： 许可

受让方： 黑龙江省德邦农业发展有限公司

合同起止时间： 2017 年 12 月 18 日至品种权终止

特征特性： 酿造型粒用糯高粱品种。在适应区出苗至成熟生育日数 102 天左右，需≥10℃活动积温 2150℃左右。株高 110 厘米左右。穗长 23 厘米，中紧纺锤形穗。籽粒中等，红褐色，椭圆形，壳红色，千粒重 23 克。抗旱性较强。品质分析结果：粗脂肪含量 4.73%，粗淀粉含量 70.99%（其中支链淀粉占总淀粉 100%），单宁含量 1.83%。抗病接种鉴定结果：中抗丝黑穗病，叶病病害抗性 2 级，中抗蚜虫、螟虫。

产量表现： 平均亩产 450.5 千克。

龙小豆 3 号

审定编号： 黑登记 2009012

审定日期： 2009 年

适宜地区： 黑龙江省第二、三、四积温带

完成单位： 作物资源研究所

完成人员： 魏淑红 王强 张亚芝 孟宪欣 郭怡璠 祝安军等

转化金额： 20 万元

转化方式： 独家许可

受让方： 北安市大龙种业有限责任公司

合同起止时间： 2017 年 11 月至退出市场

特征特性： 中熟品种。在适应区出苗至成熟生育日数 105 天左右，需≥10℃活动积温 2100℃左右。无限结荚习性。半蔓生长。株高 65～70 厘米。幼茎绿色，主茎分枝 3～5 个。叶片心脏形。花黄色。单株结荚 25～30 个，荚长 10 厘米左右，长圆棍形，成熟荚皮黄白色，单荚粒数 6～8 粒。籽粒柱形，种皮红色，脐白色，百粒重 13～15 克。品质分析结果：粗蛋白含量 25.38%，粗脂肪含量 0.69%，粗淀粉含量 49.23%。

产量表现： 2007—2008 年黑龙江省生产试验平均公顷产量 1805.3 千克，较对照品种龙小豆 2 号增产 14.2%。

龙小豆 4 号

审定编号： 黑登记 2015016

审定日期： 2015 年

适宜地区： 黑龙江省第二、三、四积温带

完成单位： 作物资源研究所

完成人员： 魏淑红 王强 张亚芝 孟宪欣 郭怡璠 祝安军等

转化金额： 20 万元

转化方式： 独家许可

受让方： 北安市大龙种业有限责任公司

合同起止时间： 2017 年 11 月至退出市场

特征特性： 中熟品种。出苗至成熟生育日数 94 天左右，需≥10℃活动积温 1971℃左右。有限结荚习性。株型紧凑。株高 46 厘米，直立型。幼茎绿色，主茎分枝 3～4 个。叶片心形。花黄色。单株结荚 25 个左右，圆棍形，成熟荚皮黄白色，单荚粒数 7 粒左右。籽粒圆柱形，种皮红色，百粒重 18 克左右。抗倒伏。品质分析结果：粗蛋白含量 22.66%～22.94%，粗脂肪含量 0.75%～1.18%，粗淀粉含量 53.63%～55.25%。

产量表现： 2014 年生产试验平均公顷产量 2284.2 千克，较对照品种龙小豆 2 号增产 16.6%。

龙芸豆 5 号

审定编号：黑登记 207003

审定日期：2007 年 1 月

植物新品种权授权日期：2017 年 5 月 1 日

植物新品种权号：CNA20140479.2

适宜地区：黑龙江省第三、四积温带

完成单位：作物资源研究所

完成人员：魏淑红 王强 张亚芝 孟宪欣 郭怡璠 尹振功 祝安军等

获奖情况：2010 年省农委一等奖

转化金额：37 万元

转化方式：许可

受让方：五大连池市金杉种业有限公司

合同起止时间：2019 年 3 月 21 日至品种退出市场

特征特性：中熟品种。出苗至成熟生育日数 90～95 天。株高 60 厘米左右，直立型。幼茎绿色，主茎分枝 3～4 个。叶心脏形。白花。单株结荚 25～30 个，单荚粒数 5.1 个，成熟荚皮黄白色。籽粒白色，椭圆形，百粒重 20 克左右。秆强抗倒伏，高产，抗病，商品性好。品质分析结果：蛋白质含量 27.73%，脂肪含量 1.22%。

龙芸豆 6 号

审定编号：黑登记 2011009

审定日期：2010 年

适宜地区：黑龙江省第三、四积温带

完成单位：作物资源研究所

完成人员：魏淑红 王强 张亚芝 孟宪欣 郭怡璠 尹振功 祝安军等

获奖情况：黑龙江省科技进步二等奖

转化金额：8 万元

转化方式：许可

受让方：五大连池市金杉种业有限公司

合同起止时间：2019 年 3 月 21 日至品种退出市场

特征特性：早熟品种。春播生育期 77 天左右，需≥10℃活动积温 1600℃左右。有限结荚习性。株型紧凑，株高 35 厘米，直立，抗倒伏。幼茎绿色，主茎分枝 3～4 个。叶片心形。花浅紫色。单株结荚 10～15 个，单荚粒数 5～6 粒。籽粒肾形，种皮花斑，有光泽，百粒重 50 克左右。品质分析结果：粗蛋白含量 18.96%，粗脂肪含量 1.86%，粗淀粉含量 44.7%。

产量表现：2010 年生产试验平均公顷产量 2602.7 千克，较对照品种龙芸豆 3 号增产 12.2%。

龙芸豆 10 号

审定编号：黑登记 2014017

审定日期：2014 年

适宜地区：黑龙江省第三、四积温带

完成单位：作物资源研究所

完成人员：魏淑红 王强 张亚芝 孟宪欣 郭怡璠 尹振功 祝安军等

获奖情况：黑龙江省科技进步二等奖

转化金额：8 万元

转化方式：许可

受让方：五大连池市金杉种业有限公司

合同起止时间：2019 年 3 月 21 日至品种退出市场

特征特性：中熟品种。生育日数 92 天左右，需≥10℃活动积温 1945℃左右。有限结荚习性。株型紧凑，株高 51.7 厘米，直立型，抗倒伏。主茎分枝 3～4 个。叶片心形。花紫色。单株结荚 25 个左右，单荚粒数 6 粒。籽粒椭圆形，种皮黑色，百粒重 21 克左右。品质分析结果：粗蛋白含量 22.50%～24.38%，粗脂肪含量 1.04%～1.86%，粗淀粉含量 40.37%～40.60%。

产量表现：2013 年生产试验平均公顷产量 2555.6 千克，较对照品种龙芸豆 3 号增产 21.8%。

龙芸豆 14

审定编号：黑登记 2016015

审定日期：2016 年

适宜地区：黑龙江省第三、四积温带

完成单位：作物资源研究所

完成人员：魏淑红 王强 张亚芝 孟宪欣 郭怡璠 尹振功 祝安军等

获奖情况：黑龙江省科技进步二等奖

转化金额：8 万元

转化方式：许可

受让方：五大连池市金杉种业有限公司

合同起止时间：2019 年 3 月 21 日至品种退出市场

特征特性：早熟品种。生育日数 85 天左右，需≥10℃活动积温 1850 ℃左右。有限结荚习性。株高 54 厘米左右。主茎分枝 5 个左右，主茎节数 12 个左右。叶片心形。花紫色。单株结荚 20 个左右，单荚粒数 6～8 粒。籽粒柱形，种皮黑色，百粒重 20 克左右。品质分析结果：粗蛋白含量 21.66%～23.85%，粗脂肪含量 1.37%～1.45%，粗淀粉含量 40.57%～40.79%。

产量表现：2015 年生产试验平均公顷产量 2088.8 千克，较对照品种龙芸豆 3 号增产 9.3%。

品芸 2 号

审定编号： 国品鉴 2010007

审定日期： 2010 年

适宜地区： 黑龙江省第三、四积温带

完成单位： 作物资源研究所

完成人员： 魏淑红 王强 张亚芝 孟宪欣 郭怡璠 尹振功 祝安军等

获奖情况： 黑龙江省科技进步二等奖

转化金额： 8 万元

转化方式： 许可

受让方： 五大连池市金杉种业有限公司

合同起止时间： 2019 年 3 月 21 日至品种退出市场

特征特性： 早熟品种。春播生育期 85 天左右，需活动积温 2000～2100℃。无限结荚习性。株高 58.5 厘米。叶绿色，心形。花白色。幼茎绿色，主茎分枝 3.7 个，主茎节数 9.9 个，半蔓生长。荚圆棍形，荚黄白色，荚长 8.6 厘米，单株结荚 18.3 个，单荚粒数 5.4 粒，百粒重 20 克。籽粒卵圆形，种皮白色。品质分析结果：粗蛋白含量 25.58%，粗淀粉含量 46.60%，粗脂肪含量 1.63%。

庆大麻 1 号

审定编号：黑登记 2016012

审定日期：2016 年 5 月 16 日

适宜地区：黑龙江省

完成单位：黑龙江省农科院大庆分院

完成人员：郭丽

获奖情况：2019 年省科技进步奖二等奖

转化金额：300 万元

转化方式：转让

受让方：大庆天之草生物新材料有限公司

合同起止时间：2017 年 3 月 28 日

特征特性：工业大麻品种，具有高产、优质、低毒、抗性强、适应范围广等特点，适于在黑龙江省及相似生态区推广应用，是目前黑龙江省大麻种植的主栽品种。在适应区出苗至种子成熟生育日数 112 天，工艺成熟期 95 天。植株生长健壮，株高 190 厘米左右，无分枝。苗期叶片淡绿色，后期叶片绿色。茎粗 0.5 厘米，茎秆直立。雌雄异株，种子颖壳包被紧，种皮暗灰色，有花纹，千粒重 19 克。品质分析结果：纤维强度 310 牛顿，麻束断裂比强度 0.93 厘牛/分特，四氢大麻酚（THC）含量 0.0828%。抗病接种鉴定结果：庆大麻 1 号耐盐碱，抗病虫害能力强。

产量表现：原茎产量 10639 千克/公顷，纤维产量 1987.3 千克/公顷，出麻率在 24% 以上。

龙大麻 3 号

审定编号：黑登记 2016013

审定日期：2016 年 5 月 16 日

适宜地区：黑龙江省哈尔滨、绥化、齐齐哈尔、牡丹江、黑河

完成单位：经济作物研究所

完成人员：宋宪友 张利国 房郁妍 郑楠 颜红宇

转化金额：200 万元

转化方式：黑龙江省农业科学院经济作物研究所与黑龙江金达麻业共同出资注册成立一家有限责任公司，暂定名称为"黑龙江康源汉麻种业有限公司"，注册资金 1000 万元。黑龙江省农业科学院经济作物研究所以非货币形式出资人民币 200 万元，占 20%股份。具体出资方式为将其拥有的证书编号"黑登记 2016013"的自主知识产权"龙大麻 3 号"的品种权及技术出资至公司。

受让方：黑龙江金达麻业有限公司

合同起止时间：2016—2020 年

特征特性：低毒品种。具有喜冷凉，生长势强，花期集中，抗倒伏性强，工艺成熟期叶片脱落快等特性。茎秆淡黄色，抗旱、抗病、耐盐碱性较强。品质分析结果：纤维强度 259 牛顿，达到优质水平，THC 含量 0.2927%。

产量表现：原茎产量 9181.4 千克/公顷，比对照品种五常 40 增产 10.8%，丰产性较好。

龙大麻 5 号

审定编号：黑认定 2019006

审定日期：2019 年 5 月 9 日

适宜地区：黑龙江省哈尔滨、绥化、齐齐哈尔、黑河

完成单位：经济作物研究所

完成人员：张树权 张利国等

转化金额：53.2 万元

转化方式：许可

受让方：黑龙江省北安农垦早春旱田农作物种植专业合作社等三方

合同起止时间：2019 年 4 月 30 日—2019 年 12 月 31 日

转化金额：53.2 万元

转化方式：许可

受让方：孙吴县哈屯现代农机专业合作社等三方

合同起止时间：2019 年 4 月 30 日—2019 年 12 月 31 日

转化金额：53.2 万元

转化方式：许可

受让方：孙吴县桦林现代农机专业合作社等三方

合同起止时间：2019 年 4 月 30 日—2019 年 12 月 31 日

特征特性：中熟品种，我省首批允许合法种植的药用工业大麻品种之一。花叶成熟日数 84 天，种子成熟日数 112 天，需活动积温 2050℃左右。株高 236 厘米。雌雄同株，千粒重 12.2 克。抗倒伏，较抗盐碱，耐瘠薄，抗旱、抗病性较强。品质分析结果：CBD 含量 1.12%，THC 含量 0.092%。

产量表现：2017—2018 年区域试验花叶平均公顷产量 7126.2 千克，较对照品种增产 20.5%；干花叶平均公顷产量 1804.1 千克，较对照品种增产 13%。

第五章 技术

发酵床悬翻机的悬翻及撒菌方法

授权日期：2016 年 5 月 11 日

专利形式：发明专利

专利权号：ZL201310281580.1

完成单位：畜牧研究所

完成人员：刘娣

转化金额：300 万元

转化方式：技术转让

受让方：哈尔滨信诚玉泉山养殖有限公司

合同起止时间：2020 年 9 月 25 日至长期

成果简介：生物菌床养猪法是黑龙江省农业科学院畜牧研究所在引进日本"自然农法"的 EM 菌研究成果的基础上，经过多位专家两年时间的钻研、试验，完成的新的猪养殖方式。利用生物菌床方法养猪具有环保、改善猪舍内环境、减少猪疾病的发生、提高猪对饲料的利用率、提高猪的生长速度、节省养殖成本及减少劳动强度等优点。发酵床养猪技术是利用自然界的生物资源，即采集土壤中的多种有益微生物，通过选择、培养、检验、扩繁形成的有相当活力的微生物菌液，再按一定比例将其与锯木屑、辅助材料、营养剂、水等混合和发酵制成垫料。而发酵床的悬翻工作一直采用人工手动进行，费时费力，菌种播撒不均匀导致发酵床发酵垫料出现结块的现象，并且结块会产生臭味、有害细菌等物质，二次破坏活猪的生存环境。

谷饲小牛肉的快速增重方法与富硒
小牛肉的补硒方法

授权日期：2016 年 8 月 10 日

专利形式：发明专利

专利权号：ZL201310087452.3/ZL201310029322.4

完成单位：畜牧研究所

完成人员：孙芳 赵晓川 刘利

转化金额：100 万元

转化方式：转让

受让方：谷实生物集团股份有限公司

合同起止时间：2020 年 8 月 13 日至专利权终止

成果简介："荷斯坦公犊牛肉用培育技术"是黑龙江省农业科学院畜牧研究所的研究成果，2 月龄断奶荷斯坦公牛犊，谷物配合饲料直线育肥 9 月龄，出栏体重 400 千克以上，育肥至 12 月龄，出栏体重 500 千克以上，屠宰率≥52%。同时研发出了犊牛胴体分割技术。2—3 月龄断奶的荷斯坦阉牛，直线育肥至 16 月龄，平均出栏体重 670 千克，屠宰率 56%以上。可以生产出日本标准 2.5 级大理石纹牛肉。

该项技术饲养方式简单，易操作，充分利用奶牛场奶公犊资源、各种农副产品资源，养殖成本低，生产周期短，经济效益高，牛肉品质佳，具有非常强的市场竞争优势。

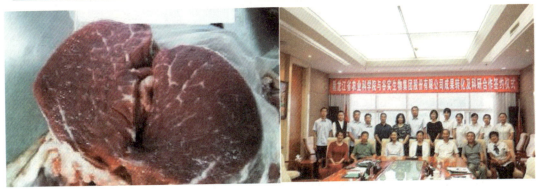

发芽糙米易煮米加工技术

授权日期：2018 年 6 月 19 日

专利形式：发明专利

专利权号：201710877527.6

完成单位：食品加工研究所

完成人员：卢淑雯

获奖情况：黑龙江省科技进步一等奖

转化金额：22 万元

转化方式：转让

受让方：五常市天地粮缘商贸有限公司

合同起止时间：2018 年 9 月 24 日—2023 年 9 月 23 日

成果简介：发芽糙米易煮米在适宜的温度、水分和氧气条件下发芽至一定长度，无需干燥，直接包装，预熟灭菌。与传统干燥发芽糙米相比，能耗降低 48%，产品水分 35%～37%、出品率提升 20%，室温保质至 9～12 个月，可与白米同煮同熟，口感香甜软糯。活性成分γ-氨基丁酸（GABA）再次提升，营养品质与食味品质同时提升，解决了糙米和传统干燥发芽糙米口感粗糙、难吃、难煮的问题。该项目将发芽糙米易煮米加工关键技术、配套加工装备相结合，实现了技术成果的产业化。

发芽糙米加工技术

授权日期： 2018 年 6 月 8 日—2019 年 6 月 7 日

完成单位： 食品加工研究所

完成人员： 卢淑雯

转化方式： 转让

转化金额： 30 万元

受让方： 舒兰永丰米业有限责任公司

合同起止时间： 2018 年 6 月 8 日—2019 年 6 月 7 日

成果简介： 发芽糙米是糙米在适宜的温度、水分和氧气条件下发芽至一定长度，然后干燥至安全水分（14%以下）的产品。糙米富含维生素、矿物质、膳食纤维和多种生物活性成分，营养品质远优于精米，通过发芽活性物质大幅提升，其营养神经的活性物质γ-氨基丁酸（GABA）含量是白米的 50～80 倍，具有降血脂、降血压、预防老年痴呆等作用，是现代人群健康主食的首选。该项目将发芽糙米加工新技术、标准及配套加工装备相结合，实现了原料、装备、质量控制等关键技术的集成与创新。

一种马铃薯挖掘铲专用试验台架

授权日期：2019 年 9 月 6 日

专利形式：实用新型专利

专利权号：ZL2019 2006 3312.5

完成单位：黑龙江省农业机械工程科学研究院

完成人员：杨金砖等

转化金额：50 万元

转化方式：许可

受让方：黑龙江沃尔农装科技有限公司

合同起止时间：2020 年 12 月 1 日—2022 年 11 月 30 日

成果简介：这是一种专门用于测试马铃薯收获机上的挖掘装置（挖掘铲）入土作业牵引阻力的试验台架，通过在该试验台架上更换不同类型的铲子和变换挖掘装置结构形式，在不同土壤条件下，对土壤实施切挖和通过作业，进行所受阻力的试验和测试对比，可获得同等土壤条件下最佳减阻效果的各类挖掘铲及对应挖掘装置的结构形式。该试验台架对于开发性能优良的马铃薯收获机具有较强的技术支撑作用，可为相关企业开发新产品提供极有益的帮助。本专利权人已通过该试验台架开发出了新型马铃薯仿生挖掘装置，适用于黏重土壤地区使用，将其作为共性技术应用到马铃薯收获机上，可达到降低作业时的挖掘阻力、节本增效的目的。

红豆醇饮加工技术

授权日期： 2014 年 12 月 10 日

专利形式： 发明专利

专利权号： 201310134143.7

完成单位： 食品加工研究所

完成人员： 姚鑫淼

转化金额： 10 万元

转化方式： 转让

受让方： 黑龙江乐宝食品有限公司

合同起止时间： 2017 年 3 月 20 日—2019 年 3 月 19 日

成果简介： 产品充分利用红小豆、赤小豆、绿豆、黑豆的预熟豆、馅料、煎茶等加工产品的副产物，色泽自然，富含花青素、黄酮及皂苷类等抗氧化活性物质，适用于糖尿病及糖耐量异常人群。

以红小豆、赤小豆、绿豆、黑豆的预熟豆、馅料、煎茶等产品的副产物为原料，采用专利护色和绿色提取工艺，保留了各种豆类的天然色泽，同时提取了豆类表皮中丰富的花青素、黄酮及皂苷类等抗氧化活性物质，是一款清爽型的植物功能饮品。采用不参与胰岛素代谢的甜味剂体系，产品能量低、口感好，同样适用于糖尿病及糖耐量异常人群。在红豆、绿豆、黑豆饮料基础上，根据消费者需求，同时开发了不含咖啡因、不添加色素，具有可乐风味的健康食用豆可乐饮品，并可根据需求增加不同口味和风味的食用豆饮料。

杂粮代餐饼干加工技术

完成单位： 食品加工研究所

完成人员： 姚鑫淼

转化金额： 3 万元

转化方式： 转让

受让方： 黑龙江黑土优选生态公司

合同起止时间： 2018 年 1 月 10 日—2019 年 1 月 10 日

成果简介： 通过专有改良工艺突破杂粮烘焙产品口感粗糙、醒发性差、易老化等问题，杂粮添加量可以提到高 100%。

该系列产品以杂粮全谷粉、淀粉阻断剂、优质蛋白质、天然且具有功能性的植物化合物为原料，对杂粮代餐饼干中 28 种营养素进行全面检测，与《中国居民膳食指南（2016）》推荐的营养素需求量进行对比，优化配方。不用额外补充维生素、钙镁片等合成营养素，充分利用五谷杂粮等食材中的天然营养素（维生素、矿物质、纤维素、酚类物质），同时给出科学的饮食搭配建议，为消费者提供富含优质碳水化合物的饼干产品，并合理控制能量的摄入。采用天然原料替代分离提取合成原料，原食物营养更易被人体吸收，长期食用健康安全。

杂粮戚风蛋糕加工技术

授权日期：2019 年 12 月 27 日

专利形式：发明专利

专利权号：201510894753.6

完成单位：食品加工研究所

完成人员：姚鑫淼

转化金额：5 万元

转化方式：转让

受让方：黑龙江黑土优选生态公司

合同起止时间：2018 年 6 月 20 日

成果简介：通过专有改良工艺突破杂粮烘焙产品口感粗糙、醒发性差、易老化等问题，杂粮添加量可以提到高 100%。

杂粮卷（紫薯青麦南瓜）

代餐粥加工技术

完成单位：食品加工研究所

完成人员：姚鑫淼

转化金额：5 万元

转化方式：转让

受让方：佳木斯冬梅豆粉有限公司

合同起止时间：2018 年 8 月 20 日

成果简介：将粮食颗粒冻干加工和烘焙、挤压膨化、喷雾干燥等谷物制粉技术相结合，开发的一款复水快、口感好、成本低的杂粮方便粥加工技术，并形成了系列口味配方。

杂粮面包加工技术及配方

完成单位： 食品加工研究所

完成人员： 姚鑫淼

转化金额： 18 万元

转化方式： 转让

受让方： 哈尔滨市南岗区优食烘焙店

合同起止时间： 2017 年 8 月 8 日—2018 年 8 月 7 日

成果简介： 通过专有改良工艺突破杂粮烘焙产品口感粗糙、醒发性差、易老化等问题，杂粮添加量可以提到高 100%。

以东北特色杂粮（特色麦、有色米、食用豆）为原料，通过专有改良工艺突破杂粮烘焙产品口感粗糙、醒发性差、易老化等问题，杂粮添加量可以提到高 30%。开发了面包和蛋糕一体化产品，整体杂粮添加量大于 50%，风味和口感良好，开发了甜面包、软欧包和欧包系列产品配方 80 余个。

黑木耳即食脆片和木耳粉加工技术

完成单位：食品加工研究所

完成人员：卢淑雯

转化金额：25 万元

转化方式：转让

受让方：伊春特瑞森林食品有限公司

合同起止时间：2019 年 7 月 29 日—2024 年 7 月 28 日

成果简介：黑木耳营养丰富，但需要泡发后烹饪，食用不便。本技术以冷冻干燥技术为核心，提供了一种营养物质丰富、易于食用吸收、便于保存的黑木耳休闲食品。

蓝靛果精深加工技术及新产品

完成单位：食品加工研究所

完成人员：姚鑫淼

转化金额：50 万元

转化方式：转让

受让方：黑龙江利健生物有限公司

合同起止时间：2019 年 10 月 27 日—2022 年 10 月 26 日

成果简介：以特色浆果（蓝靛果、沙棘等）和酸奶为主要原料，添加部分辅料以降低冻干产品的吸湿性，提高乳化和稳定性。优化冻干加工技术以形成适宜的冰晶大小和状态，提高产品的适口性和冲泡后的口感。

发酵型蓝靛果口服液配方及加工技术。经过种筛选和工艺优化，采用复合菌种分段式接种发酵工艺，保护并增进了蓝靛果独有的风味和口感，富集了大量的有益代谢产物，使蓝靛果酵素产品苦涩味明显降低，更美味、更营养。

蓝靛果冻干酸酪加工技术。针对浆果热敏性的特点，利用蓝靛果口服液加工副产物开展冻干即食休闲食品的开发及配套冻干工艺优化，将制作蓝靛果果酒、酵素产品的副产物——果皮渣果等进行再利用，开发蓝靛果冻干酸酪加工技术和产品，口感酥脆，入口即化，酸甜可口，并进行了花青素、黄酮和皂苷的分析测试，达到了缓解视疲劳的原花青素含量，是儿童和长期用眼人群的健康零食，为发挥其产品特色和功能奠定基础，副产物的有效利用，为企业降低了生产成本，提高了经济效益。